U0004668

世界咖啡之旅

LONELY PLANET'S

GLOBAL COFFEE TOUR

李天心、李姿瑩、吳湘湄、陳依辰 譯

晨星出版

CONTENTS

INTRODUCTION

自從人類在衣索比亞發現咖啡後，這個飲品就真真切切征服了世界。全球每天喝掉約 20 億杯咖啡，幾世紀以來，咖啡形塑了人們的生活方式，帶動國家經濟，幫助人們提神、保持清醒，有人甚至說咖啡促進藝文運動並有利於贏得戰爭。然而，隨便找個咖啡師或從業人員來問，他們都會說：以風味來說，現在是咖啡的黃金時代。耕種方式的改良、烘豆者知識之淵博前所未有，從南非開普敦到日本東京的鬧區大街，新型態咖啡店已然出現，專賣精心調配的上等精選咖啡。在美國，這種生產優質咖啡的革命稱為「第三波咖啡浪潮」（third wave），其他地方則稱為「精品咖啡運動」。不管是什麼名目，多數咖啡專家都同意：最好的咖啡尚未出現。

何謂「精品咖啡」（specialty coffee）

本書提到的咖啡館和烘豆店家主要屬於精品咖啡。什麼是「精品咖啡」呢？根據美洲精品咖啡協會（SCAA，Specialty Coffee Association of America）的定義，是由合格咖啡品鑑師，以滿分 100 為標準，獲得 80 分以上者即為精品咖啡。分數在 60 到 80 分之間歸類為「商業咖啡」（commodity coffee），這類咖啡當然仍可飲用，只是會上了超市通路或製成即溶咖啡。咖啡鑑賞過程嚴謹，業界稱為「杯測」（cupping），咖啡師就咖啡的甜度、風味、均衡、口感等項目分別給分。為了贏得高分，精品咖啡一般都會選在土壤、氣候和海拔條件最佳的環境種植，並在適當時機收成和加工，烘焙至完美。簡言之，本書談的是萬中選一的頂級咖啡。

近年，大眾對精品咖啡的興趣快速成長。SCAA 報告指出，1993 年全美僅有 2850 家精品咖啡店；截至 2013 年，數字已成長到三萬上下。隨著消費者要求愈來愈高，口味愈來愈講究，咖啡生產商、烘焙商和咖啡師對精品咖啡投入更多心力，將所謂的第三波浪潮推向可能的第四波。

何謂「第三波咖啡浪潮」

不管你喜歡或討厭這個字眼,「第三波」一詞有助於理解生產咖啡、品嚐咖啡的歷史進程。那麼,第一波、第二波呢?在英美紐澳等國,第一波咖啡浪潮通常指的是咖啡以「即溶咖啡」形式普及為消費者所用的階段,第二波是指大街上買到義式濃縮飲品(拜星巴克等連鎖店推波助瀾所賜),好咖啡容易取得的時代。第三波則是 1990 年代末在美國創出的新詞,此時,咖啡如葡萄酒般被視為是有學問的手作飲品。

第三波咖啡從業者是創新的,他們對咖啡從種子到杯子中間的過程會如何影響最終結果有興趣,想透過微調和改良流程以獲得更好的咖啡。他們比前人更重視咖啡農和烘豆者的關係,一般來說,第三波咖啡運動企圖以淺焙,保留咖啡產地和咖啡品種的獨特風味。咖啡師的角色也是關鍵。沖煮咖啡講究的精準──諸如研磨、水粉比、加熱牛奶或拉花技巧等步驟──需要磨練和重視。

雖然本書介紹的咖啡館和烘豆商大多有供應精品咖啡,但並非全是第三波風格。在義大利,自濃縮咖啡機在 19 世紀末問世後,就一直有上等深焙咖啡。而在伊斯坦堡,現在還喝著可追溯到 16 世紀蘇萊曼大帝(Suleyman the Magnificent)時代甜膩醇厚的土耳其咖啡。第三波咖啡先驅者與世上所有極品咖啡幾乎無關,他們的貢獻是傳布咖啡知識。透過咖啡品鑑筆記、杯測過程、咖啡師課程、講座、節慶活動和有感染力的熱情,為我們帶來了何謂好咖啡的語言和理解。

為什麼要來一趟咖啡之旅

本書介紹各式各樣的咖啡體驗,從衣索比亞傳統咖啡儀式和日本喫茶店(kissaten),到不像咖啡館而像化學實驗室、走在潮流前端的工作室,並蒐錄獨立和已成企業連鎖的咖啡界先驅。對我們來說,咖啡品質和顧客體驗最為重要。書中提及的每個地方,都能讓你對咖啡有更多了解。

那麼,既然好咖啡已容易取得,為什麼首先要來個咖啡之旅呢?有幾個原因。第一個原因很簡單──時間是咖啡的敵人。咖啡在剛烘好、磨好時風味最佳。精品咖啡從網路上就可輕易購得,但在烘豆現場喝到專家親手調配的咖啡,感受絕對不同。

再者,咖啡的故事與許多國家的歷史、經濟、文化密切交織,如要全盤了解,就必須走一趟咖啡之旅。你可以在紐西蘭威靈頓(Wellington)淺嚐一口小白咖啡(flat white)或在義大利古城杜林(Turin)來一杯必切林摩卡(bicerin)。讓人振奮的是,愈來愈多咖啡產國開始享用他們頂尖作物的果實;也就是說,產地附近就能喝到精品咖啡。

最後,咖啡世界裡充滿著樂於與人分享這份癡迷的熱血咖啡迷。想多了解咖啡,最好的方法就是與他們面對面。

如果你自認很懂咖啡,我們鼓勵你走訪書中介紹的某個特殊地點。你可以到挪威、瑞典或匈牙利探險,品嚐以最高標準沖煮出來的咖啡,或到尼加拉瓜或哥倫比亞,聽咖啡園主熱切介紹他們國家所產的咖啡有哪些可能性。我們也在冰島、古巴、越南和日本發掘到讓人躍躍欲試的咖啡館。

如何使用本書

書中提到的 37 個國家,各個附有簡介,讓您對該國咖啡現場有點概念。我們還依城市別整理出最棒的咖啡店和烘豆商家,咖啡園則以地區分類。針對每家店,我們提供了最值得喝或買的建議,也介紹了鄰近景點和活動,讓咖啡旅人可以來趟一日遊或週末小旅行。美妙的咖啡世界等著你去嘗試,現在就出發,好好享受吧!

朵拉・波爾(Dora Ball)

咖啡詞彙 GLOSSARY

咖啡種類

美式咖啡 Americano　以熱開水稀釋的義式濃縮咖啡。

咖啡歐蕾 Cafe au lait　煮好的咖啡兌等量熱牛奶（steamed milk，以蒸氣噴嘴加熱）。

摩卡咖啡 Cafe mocha　義式濃縮咖啡加入巧克力糖漿，最後再加上熱牛奶或細緻奶泡。

卡布奇諾 Cappuccino　義式濃縮咖啡、牛奶、奶泡比例 1：1：1。

冷萃咖啡 Cold brew　以室溫或低於室溫的開水浸泡咖啡，時間從 10 到 24 個小時不等。

告爾多 Cortado　源於西班牙文的動詞「切」。告爾多是一份義式濃縮咖啡兌一份熱牛奶。

咖啡油脂 Crema　浮在義式濃縮咖啡表面上的薄泡沫。

雙倍濃縮 Doppio　義大利文的意思是「兩倍」，指一次沖煮出兩個 shot 杯量的義式濃縮咖啡。

濾煮式咖啡 Drip/filter coffee　使用濾煮咖啡壺，藉由重力使熱水流過咖啡粉和濾紙。

義式濃縮咖啡 Espresso　濃縮如糖漿的小杯咖啡，透過壓力使水通過細緻咖啡粉末。

小白咖啡 Flat white　一份義式濃縮咖啡兌兩份熱牛奶或細緻奶泡。

拿鐵 Latte　一份義式濃縮咖啡兌三份（或以上）的熱牛奶。

咖啡拉花 Latte art　在有熱牛奶或細緻奶泡的咖啡上勾勒圖案的技巧。

義式長黑咖啡 Long black　義式濃縮咖啡以熱水稀釋，在澳洲很流行。

淡式義式濃縮 Lungo　義大利文的意思是「長」，以多於正常量的水所沖煮出來的義式濃縮咖啡。

瑪奇朵 Macchiato　義大利文的意思是「有做記號的」。瑪奇朵是在義式濃縮咖啡上加牛奶，也可以說是用少許熱牛奶「做記號」。

氮氣冷萃咖啡 Nitro cold brew　在冷萃咖啡中灌入氮氣，形成醇厚綿密的口感。

小笛子拿鐵 Piccolo　與告爾多所用的義式濃縮咖啡和牛奶比例類似，盛行於澳洲。

手沖 Pour over　手動沖泡法，藉由重力，使熱水流過咖啡粉和濾紙。

義式超濃咖啡 Ristretto　義大利文意為「限制」，是用低於正常量的水所沖煮出來的義式濃縮咖啡。

土耳其咖啡 Turkish coffee　是將研磨至極細的咖啡粉放入銅製土耳其咖啡壺（cezve 或 ibrik）沖煮，不經過濾直接飲用。

專業術語

阿拉比卡 Arabica　發源於衣索比亞，是最受歡迎的咖啡品種。

配方豆 Blend　將來自不同產區的咖啡豆混合，調配出特殊風味。

沖煮水粉比 Brew ratio　沖煮咖啡時所使用的水和咖啡粉的比例。

咖啡漿果 Coffee cherry　包覆咖啡豆（或種子）的果實部分。

杯測 Cupping　品鑑咖啡的方法，就品質、風味特色和潛在瑕疵加以品嚐鑑定。

杯測分數 Cup score　阿拉比卡咖啡的評鑑制度共有 10 個評鑑項目：香氣、風味、餘韻、酸度、醇厚度、均衡、甜度、澄淨度、一致性、瑕疵。每一項目以 10 分量表給分，滿分是 100 分。

生豆 Green coffee　咖啡漿果在採收、處理、乾燥後，尚未烘焙前的狀態稱為生豆。

細緻奶泡 Microfoam　將牛奶加熱，直到出現許多細緻泡泡的質地。

日曬法 Natural ∕ dry process　漿果採收後，置於戶外棚架或露臺自然乾燥，這個過程會釋放水果風味到咖啡豆裡。

自然乾燥法 Pulped natural process ∕ **蜜處理** honey process　漿果採收後先去除果皮，再至於棚架進行乾燥，這種處理法會保留漿果有黏性的果肉。

羅布斯塔 Robusta　羅布斯塔或稱中果咖啡（Coffea canephora）風味雖然不如阿拉比卡，但其咖啡因含量較高，也較易栽種。

單品咖啡 Single origin　來自同一個產區的咖啡，通常會反映出產地特殊風土條件的風味。

精品咖啡 Speciality coffee　指獲得 80 分（含）以上的咖啡。

第三波咖啡浪潮 Third wave　指咖啡館或業者採購、準備和供應精品咖啡的一種普遍潮流。

水洗 washed processing ∕ **濕式處理** wet processing　咖啡漿果採收後去皮放入發酵槽內，以便去除具有黏性的外層，完成後經過水洗再進入乾燥程序。

咖啡豆
THE E

咖啡豆有什麼成分呢？其實咖啡的成分很多，這些化合物含有一千多種芳香族化合物（即味道和香氣來源）。看看以下這四個影響咖啡風味的因素，就能更了解你的咖啡豆。

產地

你能分辨肯亞咖啡（Kenyan）和尼加拉瓜咖啡（Nicaraguan）嗎？咖啡這個植物很挑剔，只能生長在「豆帶」（Bean Belt）範圍內，這是介於南北回歸線之間的全球性區域，在此範圍內，土壤肥沃、氣溫暖和、乾濕季分明。在豆帶國家中，區域的海拔高度、遮蔭狀態、土壤成分都會決定適合種植的咖啡品種和果實的美味程度。

種類

咖啡樹種類多達上百，品種更高達數千，但實際種植供飲用的只有十來種。在精品咖啡的世界裡，最受歡迎的是阿拉比卡（品質次等的是羅布斯塔），讓人振奮的是，不斷有人持續培育、混種和發現新的品種。有些品種如爪哇（Java）、耶加雪菲（Yirgacheffe）只產在同名產區，像卡杜拉（Caturra）等品種則產在不同區域，因各地生長條件差異而發展出不同的品質和風味。

EANS

處理方式

下次買咖啡豆時，注意一下包裝上的「自然」（natural）或「水洗」（washed）字樣，這是用來表示這包咖啡用了什麼方式移除漿果果肉。「自然」是先將咖啡漿果曝曬，再剝除乾燥的果肉和堅硬外殼，這種處理方式會增添咖啡的果香風味。而「水洗」是先浸泡，在水中將果肉剝除，再進入乾燥程序，這種方式會使咖啡的味道更加純淨有層次。中美洲盛行兩者兼用的蜜處理（honey process），漿果乾燥後只保留部分果肉，這種方式會使咖啡最後帶有紅糖風味。

烘焙曲線

咖啡豆處理完後，接下來由烘豆師接棒。烘豆是一門微妙的藝術，能將沒有風味的生豆變身成不同凡響。烘豆過程運用溫度、滾筒轉速、排氣速度將咖啡豆的風味引導出來，並達到預想的酸度、苦味和甜味程度，即所謂「烘焙曲線」（roast profile）。淺焙和中焙會帶出產地和品種的個性風味，而深焙豆通常會有煙燻和苦味。

生豆 GREEN BEAN

　　取生豆 100 公克。生豆體積小而堅硬，幾乎聞不出咖啡味。將生豆放入乾燥炒鍋，開中火，以木匙攪拌乾炒。

　　只要有機會，有心的咖啡迷都該試著自己烘豆。生豆取得容易，網路和實體精品咖啡店均有販售。以下烘豆時間可供參考。

乾燥 DRYING

　　不到幾分鐘，隨著水分減少，豆子會開始變色。此時，酸性物質開始形成，但還聞不到咖啡香氣。

ROASTIN

烘豆 DIY

深焙 DARK ROAST

　　經過第二爆後就是深焙或義式濃縮烘焙（expresso roast），其風味帶有巧克力味和苦味。烘焙到此階段應停止。當烘焙到滿意的程度時，先將咖啡豆冷卻再放入密封容器，至少存放一天後再研磨。

第二爆 SECOND CRACK

　　再次聽到爆裂聲時進入第二爆。此時油脂會滲出咖啡豆表面，表皮轉深棕色，油亮而易碎，同時還會冒出刺鼻的煙。

轉黃 YELLOWING

繼續拌炒，咖啡豆先是慢慢轉黃，再逐漸變成淺咖啡色。咖啡豆內含的水分愈來愈少，散發出烘豆味和水氣，體積因內部空氣膨脹而脹大。

MINUTE 5

第一爆 FIRST CRACK

出現啵啵聲響。咖啡豆因內部氣壓不斷累積而開始爆裂，發出爆米花般聲響，恭喜你已來到第一爆。此時咖啡豆的體積幾乎是一開始的兩倍大，還會脫下一層皮。將中火轉為小火。

MINUTE 8

AT HOME

中焙 MEDIUM ROAST

中焙亦稱「城市烘焙」（city roast）或「美式烘焙」（American roast），整體風味平衡，低酸味，口感醇厚飽滿。咖啡豆外觀呈深棕色，外表光滑。

淺焙 LIGHT ROAST

第一爆後再大約 2 分鐘，就達到淺焙程度。淺焙咖啡喝起來帶有果香或鮮明酸味。淺焙豆強調的是豆子原有風味。從這個時間點開始可以隨時停止，也可以繼續烘焙，帶出甜味和醇厚度。

MINUTE 10

MINUTE 15

MINUTE 13

烘焙階段 ROAST DEVELOPMENT

以小火繼續均勻拌炒。此階段糖會開始焦糖化，酸性物質和其他化合物逐漸分解，產生風味。廚房內會瀰漫著烘烤咖啡香。

非洲 & 中東地區

AFR

THE MID

CA &
LE EAST

阿迪斯阿貝巴
ADDIS ABABA

　　阿迪斯阿貝巴是個人口逾三百萬的大城市，也是咖啡誕生地衣索比亞的首都，在這裡，咖啡產業熱絡蓬勃，更有形形色色的咖啡館，例如只供站位的義式濃縮咖啡吧，也有舒適的咖啡館，還有販售冷萃咖啡的時髦店面。走在阿迪斯阿貝巴，在街頭就能聞到咖啡香。

開普敦 CAPE TOWN

　　短短十年，開普敦就從一處人們保有喝即溶咖啡習慣的嗜茶之鄉，搖身一變成為一座有得獎咖啡館的城市——為開普敦拉開精品咖啡領域發展的序幕，Origin Coffee 可謂功不可沒。到現在，本地咖啡的品味和沖煮咖啡的技術已越發精純熟練，甚有可觀。

阿斯瑪拉 ASMARA

　　有非洲「小羅馬」名號的阿斯瑪拉，結合了東非經典的火烤咖啡儀式和八十多年前義大利殖民時代遺留下來的習慣——義式晚間散策（passeggiata），至今仍影響著阿斯瑪拉人的生活。哈內特大道（Harnet Avenue，亦即「自由」大道）上有許多戰前就存在的老字號咖啡館。

厄利垂亞

如何用當地語言點咖啡？ Hade bun, bejaka
最有特色咖啡？ 瑪奇朵。
該點什麼配咖啡？ 店家自製的糕點或傳統咖啡儀式常見的爆米花。
貼心提醒： 咖啡儀式中的三杯咖啡必須喝完再告辭，才不算失禮。

阿斯瑪拉（Asmara）又被稱作「小羅馬」、非洲的「邁阿密」，亦是裝飾藝術（Art Deco）之城。這裡是厄利垂亞文化圈的核心，而咖啡則是這裡生活的核心。喝咖啡是一種傳統儀式，一整天都聞得到咖啡香。咖啡豆先直火慢烘，再用缽和杵研磨成粉，沖煮後倒入小杯，並配著薑片喝。接近日落時分就是晚間散策（passeggiata）時間，當地人紛紛上街散步，不但為了「看人」，也是為了「被看」。此時最棒的地點就是在咖啡館，就著一杯瑪奇朵一邊欣賞夜間時光。

厄利垂亞的咖啡文化，可追溯到鄰國衣索比亞發現咖啡之時。這兩國有著類似的咖啡傳統，喝咖啡是社交互動重要的一環。隨著烘豆、碾碎和沖煮的儀式步驟，人們邊喝咖啡邊談天聊是非，一套咖啡共有三杯，一杯比一杯淡。厄利垂亞曾在 1890 年到 1947 年被義大利殖民，其咖啡歷史也因此多了殖民色彩。

在義大利統治下，義式濃縮咖啡出現在厄利垂亞，徹底改變了厄國的咖啡文化。厄國人對咖啡的熱愛，使義式蒸汽咖啡機繼續背負重任，不管多麼偏僻的角落，都還是喝得到一杯上好的義式濃縮或瑪奇朵。

與家人朋友共度閒適時光，還是會選擇傳統的咖啡儀式。喝完三杯依次上桌的小杯咖啡——分別是 abol、kalayieti、bereka——就幾乎算是融入本地生活了。

IMPERO BAR

45 Harnet Ave, Asmara; +291 112 0161

◆ 餐點　　◆ 咖啡館　　◆ 交通便利

位於阿斯瑪拉裝置藝術中心核心地帶的 Impero Bar 是家舒適的咖啡館，與 1937 年建造的帝國戲院（Cinema Impero，下圖）為鄰。店內川流不息，人們到此跟朋友聊天或快速補充咖啡因，穿著制服的女服務生為客人供應頂級義式濃縮和瑪奇朵。咖啡館位在忙碌的哈內特大道上，最好的位置就屬露天座位那排，特別是每日晚間散策時間，城裡的人都會上街散步、聊天社交。早點來占位子，坐定後觀看往來行人，在裝置藝術的老咖啡館內消磨，有咖啡和朋友為伴，或許就是最正點的阿斯瑪拉體驗。

周邊景點
殖民地風情巡禮

整個市中心有許多殖民地時期的裝置藝術風格建築，定義了這座城市的歷史風貌。例如有未來主義精神的 Fiat Tiagliero 加油站（14 頁左圖），就是非官方版的觀光宣傳標誌。

坦克墳場（Tank Graveyard）

厄利垂亞與鄰國衣索比亞的長年軍事紛擾，是籠罩阿斯瑪拉郊區的陰影。廢棄的軍事設備都塵封在惡名昭彰的坦克墳場中，位置接近美軍卡格紐營（US Kagnew Station）。

衣索比亞

如何用當地語言點咖啡？

Ne buna ibakiwo ifeligalehu

最有特色咖啡？濃烈的義式濃縮或瑪奇朵。

該點什麼配咖啡？答案是「爆米花」！通常會在咖啡儀式結束時登場。

貼心提醒：接受咖啡儀式招待時，特別是到別人家裡作客，習慣上至少要喝完三杯咖啡。

　　歡迎來到咖啡誕生地衣索比亞！傳說中，咖啡所向披靡的魅力可追溯到西元 9 世紀，當時卑微的衣索比亞牧人卡爾蒂（Kaldi）發現羊隻在啃食某種植物後會特別亢奮，即今所知的阿拉比卡咖啡樹（Coffea arabica）。不管傳說是否屬實，衣索比亞號稱是所有咖啡的發源地並非毫無根據的誇耀，因為阿拉比卡咖啡樹確實是衣國西南高地的原生植物，咖啡這個植物（和飲品）就是以這裡為起點，征服了全世界。

　　經過義大利在 20 世紀中葉短暫而紛擾的占領後，衣索比亞人就成了全世界數一數二的重度咖啡飲用者，到處可見販售瑪奇朵的義式咖啡吧。至今，到咖啡店喝咖啡仍是衣國人的生活日常，早上出門前在家要喝，出門後在上班途中也要喝。雖然，現代化咖啡館的出現和喝咖啡的新風潮——人們開始在帶有城市感、中產階級風格的場所喝咖啡——慢慢改變了衣索比亞的咖啡文化，典型衣索比亞咖啡仍是濃烈的義式濃縮，或倚著高腳椅喝，或在幾乎只賣咖啡的店內站著喝。

　　而正港喝咖啡的方式乃根植於古老的待客之道，並讓咖啡成為社交和烹飪傳統的主角。衣國著名的咖啡儀式會在用餐結束後開始，任何社交聚會，不管是家庭或生意場合，咖啡儀式都是重要環節。主人會坐在木炭小爐旁的矮板凳，撒一些剛剪下的草象徵大自然的恩賜，一旁 etan（樹脂）薰香冒著煙，增添了芬芳和沉靜氛圍。主人用平底鍋在爐上烘著咖啡豆，客人湊近，用力嗅著咖啡香，並說著「betam tiru no（很棒）」以表示讚賞。接著，主人會用缽和杵研磨咖啡豆，磨成粉後再開始煮咖啡。

　　煮咖啡的時間長短常由主人自己決定，煮好後，將咖啡倒入小瓷杯內，並至少加入三匙糖。最後一杯（第三杯）會是關鍵，代表著祝福，又稱祝福杯（berekha）。

　　濃縮咖啡或瑪奇朵或許是衣索比亞咖

話咖啡：ANDREW KELLY

對嗜咖啡者來說，
衣索比亞咖啡是夢幻逸品，
風味美好又讓人驚艷。

TOP 5
咖啡廠推薦

- **Hunkute Cooperative：**
  Wonsho District, Sidama 產區
- **Duromina Cooperative：** Agaro, Limu 產區
- **Homacho Waeno Cooperative：**
  Aleta Wondo, Sidama 產區
- **Momora：** Shakiso, Sidama 產區
- **Hunda Oli Cooperative：** Agaro, Limu 產區

啡的基本成員，但卡布奇諾和拿鐵──bunabewetet（咖啡加牛奶）──也很受歡迎。有時，芸香（rue，當地人稱為 t'ena adam，意為「亞當的健康」）這種藥草，會被當作奶油跟著咖啡上桌。西部高地還流行一種混著咖啡和茶的漸層飲料。

衣索比亞是世界第七大咖啡產國，約有 1500 萬人從事咖啡產業。隨著部分公營咖啡園私有化，咖啡產業正邁向現代化。舉例來說，Tepi 區現在是由星巴克的主要供應商持有。另外，一些新的私人莊園不但與全球各地的精品咖啡買家密切合作，也供應本地市場。

這就是衣索比亞的咖啡故事，這個故事始於傳說，現在幾乎已成當地生活的日常。

GALANI CAFE

Salite Mehret Rd, Nr JakRoss Villas, Addis Ababa;
www.galanicafe.com; +251 91 144 6265

◆ 餐點　　◆ 課程　　◆ 購物　　◆ 咖啡館

Galani Cafe 將衣索比亞的咖啡產業帶進了 21 世紀。簡明流暢的空間內有專業咖啡師和咖啡達人，在這裡可以參加咖啡師培訓、體驗杯測，或單純增進咖啡知識。不管是參加沖煮課程，或花一個下午的時間從 menu 上各種口味的咖啡挑個義式濃縮、小笛子拿鐵或冷萃咖啡實際品嚐，這家咖啡店就算放在紐約也不會格格不入。這裡的食物更是完美加分，咖啡全部來自本地，無須東奔西跑；Galani Cafe 給你來自衣國各地的咖啡，最推薦的是滴濾咖啡。

周邊景點

Yod Abyssinia 餐廳

相較於 Galani Cafe 的現代風，Yod Abyssinia 提供的是傳統美食和傳統歌舞表演，餐後還有咖啡儀式。

Kategna 餐廳

Kategna 是品嚐衣索比亞美食的好地方，餐廳講究品質和傳統，內裝採混搭風格，簡潔空間搭配木製矮凳。
www.kategnaaddis.com

TOMOCA

Wavel St, Addis Ababa;
www.tomocacoffee.com; +251 11 111 1781

◆ 烘豆　　◆ 購物　　◆ 咖啡館

Tomoca 是衣索比亞經典名店，其存在代表喝咖啡在這裡不是短暫的速食潮流、也不是展現花俏變化的舞台；在這裡最雋永的喝法就是選個不花俏的老派咖啡館，喝著老派義式濃縮，只管咖啡，不分心。

Tomoca 於 1953 由義大利人創立，幾十年來，無論外觀或氣氛都幾乎保留著原貌。店裡有當年的內部陳設、高腳椅，本地人安靜喝著晨間咖啡。從這裡可以一探衣索比亞咖啡世界的堂奧，這裡也是咖啡旅程的起點，牆上地圖詳細繪製了衣索比亞的咖啡故事。直接點一杯義式濃縮咖啡吧！就是這麼簡單。

周邊景點
聖喬治教堂與博物館
（St George Cathedral & Museum）

雄偉的聖喬治教堂是衣索比亞東正教的聖地，教堂內有許多壁畫。附設博物館還收藏了衣國末代皇帝海爾·塞拉西（Haile Selassie）加冕時穿的皇袍。

Itegue Taitu Hotel

旅店所在建築是一棟可愛老屋，在這裡可以享用美味的素食自助午餐、美景和舊日風情。*taituhotel.com*

FOUR SISTERS

Gonder; www.thefoursistersrestaurant.com;
+251 91 873 6510

◆ 餐點　　◆ 課程　　◆ 咖啡館

古意盎然的貢德爾（Gonder）曾是衣索比亞皇城，在這裡體驗衣索比亞的傳統咖啡儀式再適合不過。Four Sisters 離舊皇宮不遠，店如其名由四位姊妹所經營。咖啡館除了讓顧客體驗完整的咖啡文化外，還能大啖傳統美食。晚上則有傳統音樂舞蹈的文化表演。

咖啡儀式不只是待客之道，口味也是重點。咖啡在衣索比亞複雜的歷史背景裡有著核心地位，但咖啡本身倒是很單純。這裡的咖啡濃烈，產自本地且品質一貫精良。建議多留一點時間在這裡用餐，並體驗咖啡儀式。

周邊景點
貢德爾皇城（Fasil Ghebbi）

貢德爾皇城名列聯合國教科文組織（UNESCO）世界文化遺產，是古衣索比亞歷代王朝的政治中心，有許多宮殿和城堡，規模龐大，彷彿還看得到所羅門王（King Solomon）遺留的榮光。

Senait Coffee Shop

這家小店兼網咖位在皇城對面，是由 Four Sisters 四姊妹的其中一位經營，店內環境簡單傳統，咖啡也很美味。

卡法咖啡博物館 (KAFA COFFEE MUSEUM)

Kafa Biosphere Reserve;

www.kafa-biosphere.com/coffee-museum; +251 47 331 0667

周邊景點
卡法生態圈保護區（Kafa Biosphere Reserve）

　　保護區提供了可供健行的林地，園區內約有三百種鳥類和約三百種哺乳動物，如斑點鬣狗、河馬、獅子和豹。

www.kafa-biosphere.com

威靈頓城堡（Mount Wellington）

　　威靈頓城堡是矗立於山頂的活歷史，景色秀麗優美，鄰近有吉馬鎮（Jimma）。

　　長期以來，即使是在衣索比亞這個咖啡的起源地，也聽不到本地人訴說關於衣索比亞咖啡的故事。但這個情況終於在卡法咖啡博物館成立後有了改變——卡法咖啡博物館位於衣國西部高原的「咖啡腹地」上，某方面來說，其成立是為了介紹衣國的咖啡歷史，但仔細一看就會發現，這裡還介紹了衣國各種咖啡生產方式：從野生到莊園種植，從自然農法到小規模自給自足的生產，乃至於必須折衷妥協（如使用化學肥料）的大規模生產，博物館都提供了詳細說明。咖啡故事精采可期，值得一訪，美中不足的是這裡不賣咖啡！

貝貝卡咖啡莊園 (BEBEKA COFFEE PLANTATION)

Mizan Tefari, southwest Ethiopia;
+251 47 111 8621

在實際走訪這裡之前，想必你大概已經有幸嚐過衣索比亞咖啡了。衣國西南部是衣索比亞咖啡的主要產地，這裡有無數的咖啡莊園林立，從這塊土地上孕育出全世界最大的熱情。走一趟貝貝卡咖啡莊園，會讓你的咖啡溯源之旅畫下圓滿句點。貝貝卡咖啡莊園占地 93 平方公里，屬衣國最大、歷史最悠久的咖啡莊園。參觀必須自行開車，記得向門口警衛索取一份參觀指南，這座莊園會讓你重新認識衣索比亞悠久的咖啡故事。

周邊景點

Tepi 咖啡莊園 (Tepi Coffee Plantation)

距貝貝卡不遠的 Tepi 莊園也是可參觀的景點，這裡有團體行程，隨處可見莊園對咖啡的認真和熱誠。

西南奧莫山谷 (Southwest Omo Valley)

沉浸在這遠離塵囂的鄉間和大自然景觀，體驗最迷人的非洲部落生活。

黎巴嫩

如何用當地語言點咖啡？
Marhaba, beddeh kahweh menfadlak

最有特色咖啡？ 傳統黎巴嫩咖啡因長時間燒煮而味道濃烈，這種咖啡以小銅壺（rakweh）燒煮並直接上桌，份量通常不只一杯。

該點什麼配咖啡？ 傳統黎巴嫩糕餅，例如以椰棗、開心果為內餡的椰棗酥餅（maamoul）或果仁酥餅（baklava）。

貼心提醒： 記得加小荳蔻為咖啡提味。

在「雪松之國」（Cedar Republic）黎巴嫩，咖啡不僅深入日常生活各個層面，即使遇上造成歷史紛擾的各宗教族群，咖啡也能輕易跨越藩籬。無論是偏遠山區的村落或難民營、前衛的的黎波里（Tripoli）或時髦的貝魯特（Beirut），人人還是能從煮咖啡、喝咖啡、供應咖啡中找到慰藉。

黎巴嫩的咖啡起源可追溯到數百年前的鄉村傳統：家家戶戶自烘阿拉比卡豆，再細磨煮成濃烈的咖啡。時至今日，到黎巴嫩人家裡作客，主人會立即奉上一小杯滾燙的苦咖啡。大街上，傳統和現代咖啡館並列，有星巴克（Starbucks）、也有帶著具有加熱功能的金屬壺，煮著濃烈黑咖啡的街頭小販。老派咖啡館內氤氳著水煙，熟客就著一小銅壺的咖啡，一待就是好幾個小時；來到新式咖啡吧，咖啡控則可以從巴西豆、衣索比亞豆、哥倫比亞豆、越南豆、肯亞豆、印尼豆等眾多選擇中挑出一款，再指定要喝愛樂壓（AeroPress）或小白咖啡。

在黎巴嫩，還有兩個特殊的咖啡習俗。首先，咖啡上桌時如果上面的泡沫有洞，就要馬上喝，據說這會帶來財運（abda）。另外，杯底的咖啡濃渣千萬不要喝掉，把這些殘渣倒在碟子裡，占卜師能從咖啡渣的形狀為你解讀運勢。

CAFE YOUNES

Neemat Yafet St, Beirut;

+961 1 750 975

◆ 餐點　　◆ 烘豆　　◆ 購物

◆ 咖啡館　◆ 交通便利

Cafe Younes 藏身在氣派、有貝魯特「香榭大道」（Champs-Elysees）之稱的哈姆拉街（Rue Hamra）巷子內。這家專售優質咖啡豆的烘豆坊創立於 1935 年，歷經法國殖民、內戰和外敵入侵的時期。第三代店主 Amin 表示，Younes 精品咖啡獨有的風味和香氣，靠的是從 1960 年使用至今的 Probat 舊型鼓式烘豆機（drum roaster），這部烘豆機能完美烘焙每顆豆子。起初，烘豆機是放在 Younes 位於鬧區的咖啡館內，後來店面在 1975 年黎巴嫩內戰期間受戰火摧殘而棄置。當年，Amin 和父親為了防範打劫，就將烘豆機釘在地板上；讓人驚喜的是，過了三年，機器還好端端地釘在原地，父子於是利用休戰期間將烘豆機搬移至現址。

2008 年，Cafe Younes 在烘豆坊隔壁開了氣氛悠閒的咖啡館，旋即成了具有波西米亞風的哈姆拉街一帶人氣名店。咖啡館不只有好咖啡，也有美食和藝術展，偶爾還會有讀詩活動和音樂會。

陰涼的露臺區是觀看人群的好位置，貝魯特的時尚造型師、室內設計師、藝術家、演員常在這裡現蹤。特別要提醒的是，頗有人氣的黎巴嫩「白咖啡」（Café blanc）可不是拿鐵，而是加了一滴柳橙汁或玫瑰花的加味熱開水。想喝好咖啡，我們推薦 Yemen Anesi，現烘現煮，帶有水果和辛香味，放在傳統 rakweh 小銅壺內供客人享用。

周邊景點

Amal Bohsali 烘焙坊

老店 Amal Bohsali 烘焙坊的美味糕餅從 1878 年就飄香至今。在哈姆拉街上的形象店，不但可以看到糕點師傅大展身手，還能品嚐果仁酥餅（baklava）和堅果甜餅（knefe）。*www.abohsali.com.lb*

穆罕默德‧阿明清真寺
（Mohammed Al-Amin Mosque）

又名「藍色清真寺」，於 2008 年對外開放。這座宏偉的清真寺貼有藍色瓷磚，宣禮塔高 65 公尺，四周被古羅馬遺址、希臘正教教堂和馬龍派（Maronite）教堂所包圍，象徵著貝魯特的重生。

濱海大道（La Corniche）

黃昏時，不妨跟著人群到歷史悠久的濱海大道散散步，沿途蜿蜒經過 Sporting Club 的迷人海灘，來到著名的鴿子岩（Pigeon Rocks）。

蘇爾索克博物館（Sursock Museum）

蘇爾索克博物館展示的是黎巴嫩當代藝術，白色豪宅外觀融合了鄂圖曼和威尼斯風格。博物館在耗資數百萬美元完成翻修後，已於近期重新對外開放。*sursock.museum*

馬拉威

如何用當地語言點咖啡？Kapu ya khofi chonde
最有特色咖啡？阿拉比卡濾煮咖啡。
該點什麼配咖啡？香蕉麵包（Nthochi）。
貼心提醒：本地合作社生產的咖啡後勁很強，多
加點牛奶才不會太過亢奮。

馬拉威的主要作物是菸草和茶，但生產咖啡也頗有歷史，19 世紀初傳教士已將阿拉比卡豆引進馬拉威。儘管鄰近國家就是著名的咖啡產地，咖啡依然是此地重要的出口品。六個合作社代表了成千上萬接受資助的小農，而亞熱帶氣候和肥沃土壤更是種植咖啡的良好條件；然而頻繁的旱災和難測的降雨限制了生產，因此這裡的咖啡在精不在多。

馬拉威咖啡的特色是酸度適中，醇度較弱。然而，儘管這裡是咖啡產地，找到一杯好咖啡卻不容易，因為多數本地人喜歡的是冰啤酒。在里朗威（Lilongwe）和布蘭泰爾（Blantyre）這兩個大城市，有些不錯的餐館和咖啡店會提供差強人意的卡布奇諾；在鄉間，如果想喝杯好咖啡，就得到頂級公園旅店和海灘度假飯店試試；到姆祖祖（Mzuzu）和桑巴（Zomba）等景點時，則可在義大利人經營的旅館找到好咖啡。

要了解並一嚐馬拉威的阿拉比卡咖啡，就造訪利文斯敦尼亞（Livingstonia）的山區吧！村落是從蘇格蘭自由教會（Free Church of Scotland）的傳教站發展而來，並以探險家大衛・利文斯敦（David Livingstone）博士命名。一路顛簸並車行二十個髮夾彎，就能到山頂村落的 Craft Coffee Shop 喝上一杯本地咖啡，算是不虛此行。如果喜歡，可以選擇在 Lukwe 或 Mushroom Farm 兩家永續生態村小住；咖啡愛好者更可安排參觀本地咖啡農的行程，每年五月到八月的咖啡採收期是最佳遊賞季節。

MZUZU COFFEE DEN

M5, Mzuzu, Northern Malawi;
coffeeden.mzuzucoffee.org; +265 1 320 899

◆ 餐點　　◆ 烘豆　　◆ 購物
◆ 咖啡館　◆ 交通便利

熱鬧的 Mzuzu Coffee Den 位於塵土飛揚的北馬拉威首府姆祖祖，本地年輕人、救援工作者和遊客喜歡來這裡納個涼。店內有兩種色調的家具並提供 Wi-Fi，咖啡用的是「姆祖祖咖啡」合作社（Mzuzu Coffee，由三千名本地農民組成）生產的咖啡豆，口味濃烈甘甜，最適合有奶味的卡布奇諾或拿鐵，更可以在咖啡館附設的禮品店裡買到袋裝的馬拉威「黑金」。

這家多角化經營的咖啡館還供應早餐和諸如「馬拉威湖羅非魚」（Lake Malawi chambo fish）等菜餚，也會舉辦展覽和音樂之夜，甚至還有電腦室為帶著筆電的熟客提供影印列印服務，並可諮詢 Mzuzu Coffee Suites 相關的住宿和咖啡莊園參觀行程。

周邊景點
利文斯敦尼亞（Livingstonia）

都已經到了姆祖祖，就一定要拜訪這座有歷史的山城；可以選一家生態旅店住下來，並參觀當地咖啡莊園。

尼卡國家公園（Nyika National Park）

國家公園海拔 2000 公尺，高原美景令人屏息。從這裡可以拍攝草原上的羚羊，也可以參觀恰卡卡（Chakaka）和柯塔（Nkota）一帶的咖啡園。

SATEMWA COFFEE TOUR

Thyolo, Southern Malawi;

www.satemwa.com; +265 1473 500

◆ 餐點　　◆ 烘豆　　◆ 課程
◆ 購物　　◆ 咖啡館

歷史悠久的 Satemwa 茶園位於希雷高原（Shire Highlands）山區，從 1971 年便開始種植咖啡；廣達面積 45 公頃的土地上，種植的品種包括古老而稀有的藝妓咖啡。從布蘭泰爾（Blantyre）往姆蘭傑山（Mt Mulanje）的途中可以在這裡停留，並跟著導覽逛逛莊園，了解農民種植樹木、提供涼蔭以改善咖啡園土質的相關知識。Satemwa 茶園於 1924 年由蘇格蘭人建立，海拔 1000 公尺，有翠綠的樹叢和河流林地，採行環境友善農法以保護原生動植物。咖啡都是手工採收，確保漿果成熟才摘下，接著日曬兩週，以提高咖啡的香甜度。五月到八月的咖啡收成期最適合造訪。

周邊景點

姆蘭傑山（Mt Mulanje）

　　姆蘭傑山四周被茶園環繞，更有約二十座海拔 2500 公尺以上的山頭供遊客從事登山活動；除了徜徉在被瀑布潤澤的蓊鬱山谷中，還能觀察黑鷹及姆蘭傑山特有的雪松。

www.mcm.org.mw/mulanje.php

杭亭頓古宅（Huntingdon House）

　　這棟有迴廊、帶殖民風格的建築是 Satemwa 茶園園區內的民宿，屋外有槌球草坪。可以在這裡住一晚或享用午餐，或是喝個下午茶小憩片刻。

www.huntingdonmalawi.com

南非

如何用當地語言點咖啡？
Kan ek asseblief 'n koffie bestel（南非語）
Ndicela ikofi（科薩語）
最有特色咖啡？卡布奇諾。
該點什麼配咖啡？
牛奶塔，再不然就是巧克力布朗尼。
貼心提醒：如果你人在南非的小鎮上，務必試試南非研磨咖啡（moerkoffie）。這是一種濃烈的咖啡，一般都是明火燒煮，喝的時候會加煉乳並搭配脆餅（rusk）──這種脆餅很硬，適合泡軟再吃。

沒有很久以前，在南非點咖啡來喝，可能會拿到一杯加了菊苣的 Ricoffy 牌即溶沖泡咖啡，其歷史可追溯到 17 世紀法國胡格諾教派（Huguenot）定居者，至今仍非常流行。幸運的是，如今還有很多其他的選擇。南非的咖啡復興始於 21 世紀初，當時，開普敦的克魯夫街（Kloof Street）開了一家名為 Vida e Caffe 的咖啡館，並很快就擴張成全國性的連鎖店；不管在機場、購物中心或鬧區大街，都能喝到 Vida e Caffe 的小白咖啡。幾年後，開普敦又歷經一次咖啡革

命，微型烘豆坊開始出現，南非第一批咖啡師應運而生，採購咖啡演變成一門藝術。

此後，咖啡文化蓬勃發展──全國各地有上百間烘豆坊、出現了精品咖啡協會、全國咖啡師大賽成了年度盛會等等。2012 年，南非開始發行咖啡雜誌，介紹本地咖啡的相關新聞。2016 年，第一家星巴克進駐南非，到目前共有四家分店，全在約翰尼斯堡（Johannesburg）和普利托利亞（Pretoria）兩座城市。看起來星巴克似乎失算了，因為南非人還是鍾情於他們小規模烘焙的義式濃縮，熱情擁護本土咖啡館品牌。

話咖啡：WAYNE OBERHOLZER

精品咖啡在南非方興未艾，
商業規模和相關知識成長快速。
論咖啡飲品的種類、
咖啡館的類型、
普遍嗜咖啡者的相關知識
都在突飛猛進之中。

TOP 5
咖啡推薦

- **Origin**：Seasonal Blend
- **Espresso Lab**：Christmas Blend
- **Bean There**：Olga's Reserve
- **Rosetta**：Kenya Blends
- **Portland Project**：Renegade

本土咖啡館主要集中在大城市——如開普敦、約翰尼斯堡、德班（Durban）、普利托利亞等，但小城鎮也找得到好咖啡。只有在名不見經傳的小地方，才會糾結牛奶塔要配 Ricoffy 還是雀巢（Nescafe）即溶咖啡。如果店家問起「要加鮮奶油或奶泡」，千萬別覺得奇怪。老派咖啡館有個怪僻，就是在已經有奶味的卡布奇諾再加上一些打發鮮奶油。

雖然南非有咖啡莊園，但消費的咖啡豆多數仰賴南美洲、亞洲和其他非洲國家進口。德班附近的 Assagay Coffee、姆普馬蘭加（Mpumalanga）的 Sabie Valley Coffe 和愛

德華港（Port Edward）的 Beaver Creek Estate，三個莊園都有參觀行程，隨後還有杯測活動，如果想上點課，可以一邊過足咖啡癮、一邊學習。大城市有些咖啡館提供了杯測課程、駐店咖啡師課程，還有為期更久、內容更完整的咖啡課程。如果對「喝」比較有興趣，不妨拉張椅子，點一杯低咖啡因愛樂壓（AeroPress）、Hario V60 手沖、氮氣冷萃咖啡……，或小白咖啡也行，向南非發展快速的咖啡業舉杯致敬！

KAFFA HOIST

Washington St, Langa, Cape Town;
www.kaffahoist.yolasite.com; +27 71 120 6345

◆ 餐點　　◆ 咖啡館

從 N2 公路下來稍微轉個彎，就可以造訪朗加鎮（Langa）的第一家露天咖啡館。店主之一、出身辛巴威的 Chris Bangira 在朗加社區中心的 Guga S'Thebe 藝術中心開設這家咖啡館之前，已經在咖啡業工作將近十年，許多探訪這座開普敦最古老小鎮的觀光客，都曾是他的座上賓，但他最大的希望是本地人能將這裡當作他們用午餐、喝咖啡與享用冰茶的地方。Chris 計畫在店裡增設烘豆服務，但目前可以先在庭院裡啜飲該店的招牌義式濃縮，或者在生意較清淡的時刻，靠在櫃台上跟好客的主人聊天。

周邊景點

Mzansi 餐廳

這家深受饕客歡迎的餐廳提供各種傳統的非洲佳餚，而且店主 Nomonde 對朗加鎮的歷史如數家珍。*mzansi45.co.za*

哈格豪斯啤酒屋（Hoghouse Brewing Company）

這家餐廳隱身在一個商業園區裡，地點有點奇怪，但隨同啤酒一起送上來的食物超棒，全都是用熱炭煙燻、慢煮的。*hhbc.co.za*

ORIGIN

28 Hudson St, Cape Town;
www.originroasting.co.za; +27 21 421 1000

◆ 餐點　　◆ 烘豆　　◆ 課程　　◆ 購物
◆ 咖啡館　　◆ 交通便利

在 2000 年代中期，開普敦幾乎沒有一家像樣的咖啡館。後來 Origin 開設了第一家烘豆坊，並串聯起城裡其他少數幾家咖啡屋，揭開了「南非咖啡革命」的序幕。從那時起，Origin 洋溢歡樂氣氛的咖啡學院已培訓了數千名咖啡師，並在四次南非國家級咖啡師大賽中榮獲冠軍。現在，這家熱情的咖啡館總是坐滿了來吃早午餐的家庭、在筆電上敲打郵件的年輕創作者，以及那些回來品嚐當季最新義式濃縮的咖啡迷。

該店提供的餐飲能滿足你的美好期待——來自自由放牧、牧場放養與在地生產的食材，搭配自家烘烤的貝果，並以充滿創意的早餐菜單呈現。當然，還有他們琳瑯滿目的咖啡飲品：不管是義式濃縮或慢萃風格中的一種，你都可以挑選某區的單品豆或最新的綜合配方豆。

若無法決定就點品嚐組合所列的三種招牌咖啡。等待時可先到樓上參觀烘豆師烘豆，或在現場欣賞虹吸式咖啡有趣的萃取過程。

周邊景點

V&A 濱水區（V&A Waterfront）

這裡匯集了非洲藝術、各種風味餐館以及適合全家一起參觀的博物館、酒吧與乘船遊覽活動等，應有盡有。這就是為何此地一直以來都是開普敦最受歡迎景點之一的原因。
www.waterfront.co.za

布雷街（Bree Street）

這是開普敦最酷的地區，到處都是精品服飾店、手工麵包坊，以及熱鬧的酒吧和走在潮流變化最前端的頂尖餐廳。

綠點公園（Green Point Park）

這座設施完善的公園裡有兒童遊樂區、戶外體育館、迷宮和許多條鋪得很平整的步道與腳踏車道。公園離海不遠，所有的設施都在聞得到海水味的距離內。

獅頭山（Lion's Head）

爬上這座迷你山頂時（可視情況用梯子和索鍊攀登），你可以看到桌山（Table Mountain）宏偉的美景，並俯瞰整座美麗的城市。

TRUTH COFFEE

36 Buitenkant St, Cape Town;
https://truth.coffee; +27 21 200 0440

◆ 餐點　　◆ 烘豆　　◆ 課程　　◆ 購物
◆ 咖啡館　　◆ 交通便利

　　不管你認為自己有多時髦，來到 Truth，你永遠會覺得自己不夠酷。這個地方就是「骨董店裡的瘋狂科學家」那種蒸汽龐克時尚的具體呈現：裸露的燈泡與延長線從毫無裝飾的天花板垂下來，牆上掛著華麗的空畫架，齒輪和管子霸占了主要裝潢，看起來彷彿出自提姆‧波頓（Tim Burton）的電影。盛裝的服務生戴著高頂禮帽和飛行員風鏡，讓你忍不住納悶，強尼‧戴普（Johnny Depp）和海倫娜‧寶漢‧卡特（Helena Bonham Carter）是否會穿著維多利亞式服裝忽然從樓梯走下來。咖啡館的正中央矗立著一座龐然大物，號稱產於 1940 年代的古典 Probat 牌烘豆機——而這正是此處被票選為全世界最佳咖啡館的真正原因。

　　咖啡師學院提供不同的課程，從半天的咖啡品鑑到長達一週的專業訓練皆有。但你來此若只是單純地想要享用咖啡，就在公用的大長桌邊搶個板凳，然後點一杯 18 小時冷萃滴釀的「藥劑」（potion），或啜一口招牌特調「復活」（Resurrection），或在包廂外來一杯「日出義式濃縮」（Sunrise Espresso），一種摻了橙汁的特濃咖啡，最適合早晨醒神用。

周邊景點

第六區博物館（District Six Museum）

　　這座撼動人心的博物館記錄了種族隔離時期所發生的悲慘事件，包括強迫撤離、非白

人居民遭到驅逐、房舍被推土機清除、整個社區被破壞瓦解等等。www.districtsix.co.za

羅蘭酒館（Roeland Liquors）

　　離 Truth 咖啡館只有幾步路的羅蘭酒館提供了這座城市裡最精選的酒精飲品，包括手工精釀啤酒、微蒸餾琴酒與皮諾塔吉葡萄酒等。www.roelandliquors.co.za

Company's Garden

　　位於開普敦市中心的這座花園，兩側都是博物館、藝廊和縱橫交錯的寬廣道路，足以讓你目不暇給地暢遊一整天。

納爾遜山（Mount Nelson）

　　如果厭倦了咖啡，可以來此地享用整個開普敦最奢華的高茶（high tea）。這座 19 世紀旅館得名自英國海軍上將霍雷肖‧納爾遜（Horatio Nelson），而非南非總統納爾遜‧曼德拉（Nelson Mandela）。

www.belmond.com/mount-nelson-hotel-cape-town

DOUBLESHOT COFFEE & TEA

Cnr Juta & Melle Sts, Braamfontein, Johannesburg;
www.doubleshot.co.za; +27 83 380 4127

◆ 餐點　　◆ 烘豆　　◆ 購物
◆ 咖啡館　◆ 交通便利

約翰尼斯堡目前正在經歷驚人的復甦，從前生人止步的「禁區」，如今餐廳、酒吧和咖啡館如雨後春筍般出現，Doubleshot 就開在其中的 Braamfontein 區，位於大學校園和市中心之間的熱鬧地段。靠窗有一條台面和一列圓凳，是細細品味點心和咖啡時，觀看來往行人的最佳地點。

極簡主義的裝潢風格，讓人們把注意力全集中到不凡的展示品上：一座 1916 年製造、型號為「Luigi」的 GW Barth 牌烘豆機。除了咖啡，店主 Alain Rosa 也擅長綜合散葉茶，並且提供多種選擇；天氣太熱不適合熱飲時，可以換點手工調製的冰茶。每週更換烘豆種類，以吸引咖啡迷不斷回頭品嚐多樣化的口味，但若想體驗這家咖啡館的真正精髓，就點兩份用產自 Satemwa 咖啡園（頁 27）的馬拉威豆所萃取的濃縮咖啡。Satemwa 的老闆 Alex Kay 也是咖啡館的合夥人之一。

周邊景點

憲法山（Constitution Hill）

曾做為監獄近百年的憲法山，現在是立憲法院所在地，旁邊還有一座設計優良且館藏豐富的博物館。www.constitutionhill.org.za

內博古德市場（Neighbourgoods Market）

這裡是南非手工料理文化的中心。只在週六早晨開市的內博古德市場提供各種本地產的好東西，當然還有風味絕佳的咖啡。www.neighbourgoodsmarket.co.za

Origins Centre 博物館

除了追溯人類起源的展覽外，這家博物館還有很多有關閃族文化的精采資訊，尤其是岩畫藝術。www.wits.ac.za/origins

Wits 藝術博物館

這家超棒的博物館不收門票，由大學管理，主要展示令人讚嘆的各種歷史文物及當代非洲藝術。www.wits.ac.za

KOFI AFRIKA

7166 Vilakazi St, Orlando West, Soweto, Gauteng;
www.facebook.com/pg/kofiafrika.sa: +27 84 665 2400

◆ 餐點　　◆ 咖啡館

在索維托出生、長大的咖啡達人 Mpumelelo Zulu 和 Lawrence Murothela 在 2016 年開設了這家 Kofi Afrika。這是擁有百萬人口的索維托市第一家真正的咖啡館，且頗受顧客的歡迎和喜愛，位於著名的維拉卡吉街（Vilakazi St.），離曼德拉故居僅 500 公尺。在這裡可以一邊啜飲由精選衣索比亞和坦尚尼亞咖啡豆萃取的小白咖啡，一邊與本地人一起欣賞現場爵士演奏，或觀賞那川流不息的世界級觀光客人潮。

樓下的 The Box Shop 是想創業的年輕設計師和本地新興企業家的搖籃。在你上樓喝咖啡前，可以先在這裡參觀選購各種精品服飾、客製家具和手工化妝品等產品。

周邊景點
曼德拉故居（Mandela House）

這是已故偉人納爾遜·曼德拉（Nelson Mandela）曾經住過的地方，簡樸的住所寄託著人們對他的緬懷，是拜訪索維托的旅客必遊之地。www.mandelahouse.com

Chaf Pozi

坐在位於奧蘭多塔（Orlando Towers）底層的這家餐廳裡，你可以一邊大啖烤肉，一邊觀賞玩高空彈跳的人縱身躍入虛空之中。

© Klaus Lang / Getty Images

要將香氣從咖啡豆引出
來的方法很多：浸泡、
濾壓、手沖、擠壓等；
而且每一種都有其獨特
且必需遵循的步驟。

1. 法式濾壓壺 THE PRESS

先將咖啡粉完全
浸泡在熱水中，然後
用一個金屬過濾器將
之過濾或濾壓。因沖
煮過程中保留了咖啡
渣，濾壓咖啡通常口
感較厚重。

咖啡萃取工法
BREWING

5. 土耳其咖啡壺 CEZVE

又稱為 ibrik 的土耳其咖啡壺是一種小型
的銅製壺。使用時，將水和咖啡粉放入壺
裡，然後放在明火或爐子上烹煮，煮出來
的咖啡香味濃郁、口感醇厚。

4. 虹吸壺 SIPHON

19 世紀發明於歐洲的虹吸壺（或稱為真空咖
啡壺）是一種由玻璃製成、設計精巧的咖啡沖泡
器，利用蒸氣壓力將熱水引入咖啡粉浸泡而成。

Illustration: Jon Dicus

2. 義式濃縮咖啡機 ESPRESSO MACHINE

典型的義式濃縮咖啡機以 9 個大氣壓
（9 bar）的壓力，迫使熱水沖過一層精
細研磨的咖啡粉和一個過濾器，沖泡出來
的咖啡口感如蜜糖般濃稠且高度濃縮。

3. 摩卡壺 MOKA POT

義大利研發的摩卡壺是一種放在爐火上使用的
鋁製咖啡壺，利用壓力讓熱水浸過咖啡粉來萃取咖
啡，在歐洲很普遍。未經過濾的咖啡與義式濃縮咖
啡的濃郁風味高度相似，且通常會有褐色泡沫。

METHODS

6. 手沖 POUR-OVER

用手將熱水倒入咖啡粉裡，讓咖啡透過濾
紙往下滴。沖泡咖啡時希望能掌控每個面向的
咖啡師，最喜歡這種一次一杯的手工方式。

7. 衣索比亞咖啡壺 JEBENA

Jebena 是沖泡咖啡時用的一種衣索比亞傳統陶
壺。咖啡豆在烹煮前才烘焙，之後放入一個陶缽裡
用杵搗碎，接著裝入一個 jebena 然後直接放在炭火
上煮。

美洲

THE AM

TOP 5 Coffee TOWNS

咖啡城市

ERICAS

波特蘭
PORTLAND

雖然到處都是「Keep Portland Weird（讓波特蘭繼續搞怪）」的標語，但這座奧勒岡州小城說到咖啡可嚴肅了。推動美國第三波咖啡浪潮的 Stumptown 就發源於此，這裡的咖啡師除了技術高超，也很注重髮型喔！（Stumptown 創始店原是間美髮沙龍）

舊金山
SAN FRANCISCO

也許是因為爬坡需要助力，舊金山人對自己沖泡的咖啡很執著；這座城市幾十年來一直都在傳播「精品咖啡」這個概念，咖啡遊客也可以在這裡找到 Peet's Coffee 和 Blue Bottle Coffee 的旗艦店。

西雅圖
SEATTLE

星巴克的家鄉當然熱愛咖啡，而且不是只添加香草味的重量杯。這個城市有數量令人驚嘆的烘焙師，以便滿足味蕾挑剔的大量消費者。點一杯咖啡外帶，然後漫步到派克市場去尋找這座城市兼容並蓄的靈魂。

墨西哥市
MEXICO CITY

在這個拉丁美洲的大城市裡，能夠享受一杯美味咖啡的可愛小地方正如雨後春筍般出現。墨西哥市就位於此國咖啡豆產區的大門外，對當地咖啡豆當然無比自豪，而且咖啡師很可能就認識生產你手中那杯咖啡的農夫。

溫哥華
VANCOUVER

和國界以南的鄰居西雅圖一樣，溫哥華也用好咖啡來款待客人。在這座城市裡，四處可以見到獨立經營的漂亮咖啡館，尤其是在商業大道（Commercial Drive）和主街（Main St）附近。請務必到 49th Parallel 咖啡烘豆坊帶些豆子回家品嚐。

巴西

如何用當地語言點咖啡？ Um cafezinho, por favor!

最具特色咖啡？ 義式濃縮。

該點什麼配咖啡？ 樹薯粉做的起司麵包。

貼心提醒：切勿只點一杯卡布其諾──巴西人喜歡在咖啡裡加巧克力、糖，甚至彩色糖漿。為防萬一，最好多點一杯拿鐵。

想到巴西，就想到太陽、沙灘和森巴舞，對嗎？至於咖啡？沒什麼印象。但實際上，不管是精心調製的義式濃縮或是甜到膩死人的廉價咖啡水，咖啡早已滲透到這個拉丁美洲最大國的毛孔裡了。

長久以來受到「從種子到杯子」這種親密又複雜的關係刺激下，巴西驚人的咖啡消耗量更加瘋狂成長；在歷史上，其起伏簡直跟電視肥皂劇同樣精采。巴西曾經是由咖啡大亨統治的地方，與咖啡的關係可追溯到 18 世紀時，從衣索比亞把咖啡樹帶到此地種植的法國殖民者身上；但因為奴隸制度的廢除，咖啡產業一度於 19 世紀末時沒落，後來才又漸漸復甦且蓬勃發展。而如今巴西已經是全世界最大的咖啡產國，控制了約 30% 的國際產量。

如同其他咖啡產國的情況，長久以來巴西大多數高品質的咖啡豆也都外銷。然而，2010 年代早期的經濟起飛，促進了巴西人民對精品咖啡的需求，如今可以在巴西的任何大城市裡享受到美味高品質的咖啡。「由於經濟起飛，一般巴西人有了較好的收入，加上許多頂尖咖啡萃取工法的出現，使得精品咖啡已經成了巴西普遍的景觀。」咖啡農兼烘豆大師 Mariano Martins 解釋說：「在聖保羅、庫里奇巴（Curitiba）或巴西利亞這種大城市裡，想要點一杯雙份特濃義式濃縮或愛樂壓針筒咖啡而不被人當作剛步出太空船的外星人，已經不是什麼難事了！」

FAZENDA SANTA MARGARIDA

São Manuel, SP;

www.martinscafe.com; +55 11 4301 8848

◆ 餐點　　◆ 烘豆　　◆ 課程
◆ 購物　　◆ 咖啡館

家族經營的這處農場創立於 1860 年，位於聖保羅市東方 262 公里，是巴西最受歡迎的咖啡旅遊景點之一。在七、八月收成期間，園方會在週一（葡萄牙語）和週三（英語）提供導覽行程，咖啡因愛好者可參加由莊園農藝兼烘豆大師 Mariano Martins 所導覽的「由種子到杯子」行程，包括實務烘豆操作，以及在八座不同咖啡種植區進行採樣練習，遊客可藉此品鑑不同的咖啡品種並了解各種烘豆方式的差異。

周邊景點
布洛塔斯（Brotas）

這個可愛的小鎮位於農場以北約 98 公里處，是巴西探險旅遊的勝地，擁有這個國家最棒的急流泛舟活動之一。

Pedra Do Índio

這個海拔 100 公尺的觀景點位於聖曼努埃爾東南約 27 公里處的一座私人農場裡。從這裡可以欣賞到此區域最令人讚嘆的岩層——如明信片般美麗的「三石」（Tres Pedras rock）岩層景觀。+55 14 99679 0724

COFFEE LAB

R Fradique Coutinho, São Paulo, SP;

www.raposeiras.com.br; +55 11 3375 7400

◆ 餐點　　◆ 烘豆　　◆ 課程
◆ 購物　　◆ 咖啡館　◆ 交通便利

咖啡實驗室（Caffee Lab）乍看非常名符其實：一個更適合實驗工作而非體驗精品咖啡的工業風空間，而那正是店主 Isabela Raposeiras——巴西最優秀的咖啡師之一——所想要的：重點都放在咖啡及其品質，而不是那些很酷的元素。結果就是，如果你想要品嚐來自遙遠產區精品單品豆的不同風味，或跳出傳統框架的萃取工法，那麼這個半是咖啡館半是咖啡師訓練學校的場所，就是你在聖保羅市非造訪不可的地方。

周邊景點
蝙蝠俠巷（Beco de Batman）

Vila Madelena 是聖保羅最具藝術文化氣息的區域，而沒有比該區的蝙蝠俠巷更能作為彩繪畫布的地方了，這裡絕對是活生生的街頭藝術博物館。

Feira Benedito Calixto

在這個只有週六開市的露天市場裡，你可以開心地找到各種好東西，包括手工藝品、骨董、美食小攤和現場音樂演奏（通常是 chorinho，森巴的一種）。

pracabeneditocalixto.com.br

SANTO GRÃO

Rua Oscar Freire 413, Jardins, São Paulo, SP;
www.santograo.com.br; +55 11 3062 9294

◆ 餐點　　◆ 烘豆　　◆ 課程
◆ 購物　　◆ 咖啡館　◆ 交通便利

時髦的 Santo Grao 咖啡館是聖保羅市第一家專賣精品咖啡的咖啡館，也是創始人 Marco Kerkmeester 在這個城市所開的六家分店的第一家。位於 Jardins 區的這家旗艦店一直是三種單品豆愛好者非去朝聖不可的地方：深焙、馥郁、帶有巧克力味的 Cerrado de Minas；較淺焙、微酸，帶有果香的 Sul de Minas；帶有甜味，口感滑順、醇厚的 Mogiana。

如果選擇太多難以決定，那就點一杯招牌特調 Santo Grão，然後拿著咖啡走到外面空氣流通的大陽台，那裡是欣賞來往行人的最佳景點。

周邊景點

聖保羅藝術博物館（MASP）

拉丁美洲最全面的西方藝術作品就收藏在這座博物館裡。這棟位於 Av. Paulista 且深具指標性的現代主義巨獸，是由建築師 Lina Bo Bardi 於 1968 年設計完成。www.masp.art.br

Casa Amarela

這家藝品店兼博物館收集了 VillasBôas 兄弟數量驚人的文物——他們是頭一批在星谷河上游（Xingu River）與亞馬遜土著部落接觸的白人。www.casaamarela.art.br

加拿大

如何用當地語言點咖啡？
May I please have a coffee?
最具特色咖啡？ Double Double：滴濾式咖啡加雙份奶油和雙份的糖。
該點什麼配咖啡？ 甜甜圈。
貼心提醒： 請記得說「請」和「謝謝」，加拿大人以禮貌聞名。而且，不要在獨立咖啡館裡點 double double。

說到咖啡，沒有比 double double 更具加拿大特色的了。放在紅色外帶杯裡的滴濾咖啡，加上雙份奶油和兩湯匙糖，double double 這種咖啡的喝法跟楓葉、獨木舟與騎警等一樣，都是加拿大最典型的代表。眾所周知，double double 之所以聲名大噪，是因為一家創始於 1964 年的甜甜圈店；該店的老闆之一就是著名的冰上曲棍球球星提姆‧霍爾頓（Tim Horton）。時至今日，提姆‧霍爾頓的店已經是這個國家最大的連鎖快餐店之一。多年來，「提米的店」（Timmy's，人們對它的暱稱）一直深受顧客的喜愛，因為不僅致敬了這個國家最喜歡的運動，更同時將 double double 這個甜蜜、濃郁、含有咖啡因的詞彙刻進了加拿大的文化詞典裡。

近年來，因為受到來自他國重視品質的咖啡文化影響，加拿大也出現了精品咖啡蓬勃發展的景象。最值得注意的是，過去二十年來，第二波與第三波浪潮也從西雅圖和波特蘭穿過美加邊界逐漸風行到溫哥華來，並開始站穩了腳跟。

現在，幾乎在加拿大每一座大城市裡都可以看到生意興隆的獨立咖啡館，店主們對其預算所能採購的最高等級咖啡豆的溯源、烘焙程序與沖泡工法等都非常講究。誠然，與其他咖啡文化根深蒂固的國家相比，加拿大的精品咖啡文化仍在嬰兒期，但隨著愈來愈多加拿大人開始重視品質勝過便利性，加拿大咖啡的未來一片光明。

PHIL & SEBASTIAN COFFEE ROASTERS

Simmons Building, 618 Confluence Way SE, Calgary,
Alberta; www.philsebastian.com; +1 587 353 2268

◆ 餐點　　◆ 烘豆　　◆ 課程
◆ 購物　　◆ 咖啡館　◆ 交通便利

Phil Robertson 和 Sebastian Sztabzyb 兩人的咖啡情誼已經超過二十年：相識於 1990 年代，當時都是工程系的大學生。Phil 的叔叔介紹了義式濃縮咖啡後，他們到西雅圖走了趟咖啡品鑑之旅，品嚐了名為「改變生命」的卡布奇諾後，這對最佳拍檔決定他們全新的人生使命，就是將最棒的咖啡帶給卡加利市（Calgary）。

2007 年兩人在卡加利農夫市集開了第一所咖啡站，之後又陸續開設多家分店，也開始從中、南美洲和非洲等地採購咖啡豆，並積極投入烘豆服務。從農夫市集的一家小店開始，如今他們已擁有自己的旗艦店，位於重新改建的

Simmons Building：外露的紅磚牆、挑高的天花板及粗壯的木梁──這棟大樓以前是寢具工廠倉庫，位於逐漸繁榮的 East Village。你可以來這裡喝杯咖啡，或來趟全套的咖啡品鑑之旅。

若有興趣學習更多，可以參加製作義式濃縮咖啡或沖煮咖啡的入門課程，學到三種不同的技巧：法式濾壓、愛樂壓和手沖。若想更進一步，還可參加奶泡製作和拉花藝術課程；透過這些巧妙新意，可以增進自己在家品嚐咖啡的體驗。誠如兩人當年領悟到的──喝好咖啡，可以讓生命更美好。

周邊景點

葛倫堡博物館（Glenbow Museum）

這座位於市中心的當代博物館展示了此地的故事，包括過去與現在，尤其是加拿大西部的藝術品、歷史和文化。www.glenbow.org

貝爾工作室（Studio Bell）

在這九棟互相連接的大樓裡設有國家音樂中心，內有頌揚加拿大音樂成就的展品、表演空間和三座加拿大音樂名人堂。*studiobell.ca*

Sidewalk Citizen Bakery

這家位於 Simmons Building 的麵包店可以品嚐到風味絕佳的烘焙食品，試試布雷克（bureka，以色列風味酥餅）、起司條或任何甜品。*sidewalkcitizenbakery.com*

班夫國家公園（Banff National Park）

是加拿大歷史最悠久的國家公園，距離卡加利市約 90 分鐘車程。公園裡有覆蓋冰川的高山、藍綠色湖泊，以及全長超過 1600 公里的登山步道。*pc.gc.ca/en*

KICKING HORSE COFFEE

491 Arrow Rd, Invermere, British Columbia;
www.kickinghorsecoffee.com; +1 250 342 3634

◆ 餐點　◆ 烘豆
◆ 購物　◆ 咖啡館

1996 年時，Elana Rosenfeld 和當時的男友 Leo Johnson 在他們位於加拿大洛磯山脈因弗米爾鎮（Invermere）的家中車庫開始烘焙咖啡豆。到今日，他們所創立的公司已經成為加拿大最大品牌的有機公平貿易咖啡。明亮、裝潢簡單的咖啡館就開在自家烘豆工廠外，距離庫特尼（Kootenay）、幽鶴（Yoho）和班夫（Banff）三座國家公園都不遠，是深受洛磯山脈遊客喜愛的停靠站。

這家公司以附近的「Kicking Horse River（踢馬河）」為名，河名由來據說取自一匹差點踢死一名英國探險家的逃馬。雖然該公司宣稱的「一杯帶勁的爪哇咖啡讓那名可憐的冒險家活了過來」只是無稽之談，卻採用了「Kicking Horse」作為品牌，並以「Kick Ass（帶勁）」兩字做為該公司深焙咖啡豆的名稱，最近他們所推薦的冰釀咖啡甚至取名叫做「帶勁冷卻器（Kick Ass Kooler）」。

在這裡停靠休息，然後點一杯沖泡咖啡或由義式濃縮調製而成的各種飲品，包括「加式咖啡」（Canadiano，仿美式咖啡 Americano），配上一個三明治、鬆餅或酥皮點心等，吃飽喝足再繼續上路。在走出咖啡館前，你或許還可以順便挑選一些有趣的紀念品，例如代表該品牌「帶勁」精神的 T 恤、咖啡杯等。

周邊景點

呂西耶溫泉（Lussier Hot Spring）

遊客可以在這個具有各種景觀的公園裡探索高山、峽谷和草原。而浸泡在 Radium 溫泉村的礦泉池裡則是其中的一個亮點。
www.env.gov.bc.ca/bcparks

Cross River Wilderness Centre

這個家族經營且自備水源電力的民宿，提供遊客們各種戶外活動及原住民文化體驗行程。你可以健行、參加野外工作坊，或給自己安排一個「汗屋儀式」（sweat-lodge ceremony）。www.crossriver.ca

哥倫比亞濕地（Columbia Wetlands）

划一艘獨木舟或愛斯基摩小皮艇，穿越這片位於哥倫比亞河附近的沼澤，享受一趟寧靜的溼地之旅。哥倫比亞濕地前哨基地（Columbia Wetlands Outpost）有船隻出租，也提供由嚮導帶領的行程。
www.columbiawetlandsoutpost.com

庫特尼國家公園（Kootenay National Park）

遊客可以在這個國家公園裡探索高山、峽谷和草原。浸泡在 Radium 溫泉村的礦泉池裡則是其中的一個亮點。pc.gc.ca/en

CAFÉ MYRIADE

1432 Rue Mackay, Montréal, Québec;
www.cafemyriade.com; +1 514 939 1717

◆ 餐點　　◆ 購物　　◆ 咖啡館　　◆ 交通便利

Café Myriade 的咖啡豆主要來自溫哥華的烘豆商 49th Parallel（頁 49）以及北美洲和歐洲的其他特約烘豆商。位於蒙特婁金融區中心的 Café Myriade 以其咖啡師準備滴濾式咖啡、熱巧克力與義式濃縮飲品之精確度而聞名。

他們對牛奶的選擇也很謹慎，所使用的可不是超市賣的盒裝那種，而是從魁北克家族聯合農場所特別採購而來的。點一個牛角麵包、司康餅或其他糕點搭配你的拿鐵或熱巧克力。雖然這家咖啡館沒有 wi-fi，但你可以坐在落地窗前，或走到外面人行道的露臺上，一邊曬太陽一邊啜飲你的飲品。Café Myriade 在蒙特婁另有兩家分店。

周邊景點

蒙特婁美術館（Montréal Museum of Fine Arts）

這是這座城市最大的美術館，總共有五棟建築物，館藏超過四萬件，包括從古代到現代的繪畫、攝影、雕塑及其他藝術品。
www.mbam.qc.ca

麥科德博物館（McCord Museum）

在這座令人著迷的歷史與文化博物館裡，可以探索從原住民服裝到都市社會的一切面貌。夏季時，館方會舉辦音樂會或其他活動，可上官網查詢舉辦日期。
www.museemccord.qc.ca

BOXCAR SOCIAL HARBOURFRONT

235 Queens Quay West, Toronto, Ontario;
www.boxcarsocial.ca; +1 416 203 2999

◆ 餐點　　◆ 購物　　◆ 咖啡館　　◆ 交通便利

這兒使用的咖啡豆輪流選自北美洲及歐洲最受推崇的烘豆商，可點一種單品豆，然後品鑑它被沖泡成義式濃縮、瑪奇朵和手沖咖啡等的不同風味，再留下來享受該店所提供種類繁多的各種餐點、葡萄酒、啤酒，以及波本和蘇格蘭等各種威士忌。

這家由 Joe Papik、John Baker、Chris Ioannu 和 Alex Castellani 四位企業家於 2014 年創立的連鎖咖啡館，在本城已擁有六家分店，多才多藝的老闆賦予各每家獨特的建造概念與裝潢設計。濱湖區分店占地相當廣闊，室內有將近二百個座位，比鄰許多藝術工作室和畫廊，戶外還有一座面對安大略湖的漂亮露臺，可能是其中最棒的分店。

周邊景點

湖濱藝文中心（Harbourfront Center）

湖濱藝文中心是當地舉辦各種慶典、戲劇演出、畫展以及各類特殊活動的地方。參訪前記得先查詢正在進行的活動。
www.harbourfrontcentre.com

多倫多島（Toronto Island）

在 Jack Layton 碼頭坐上渡輪，然後享受一下午遠離城市的悠閒時光。在大自然的懷抱裡放鬆、欣賞美麗的風光，並暢快地探索這座多倫多小島。www.torontoisland.com

PILOT COFFEE
ROASTERY & TASTING BAR

50 Wagstaff Dr, Toronto, Ontario;
www.pilotcoffeeroasters.com; +1 416 546 4006

◆ 烘豆　　◆ 課程　　◆ 購物

◆ 咖啡館　◆ 交通便利

Andy 和 Jessie Wilkin 這對夫妻檔，因為想將在澳洲和紐西蘭（Andy 的家鄉）已經很風行的咖啡文化引進多倫多，於是在 2009 年開設了這家 Pilot Coffee。由於他們叫做 Te Aro（以紐西蘭威靈頓的某郊區之名命名，夫妻兩人就是在那裡相識的）的咖啡館和烘豆事業非常成功，因此最後決定將烘豆部門移出，開了這家店。如果你在離峰時間光臨，那就點一杯「信賴你的咖啡師」（Trust the Barista），然後不管是誰替你服務，都任由他使用各種沖泡方式為你準備當季的專屬咖啡。

周邊景點

Maha's Brunch

步行幾分鐘來嚐嚐著名的埃及式早午餐。該店不提供訂位，週末時要排很長的隊，但等待絕對是值得的。www.mahasbrunch.com

Left Field Brewery

進去喝一杯啤酒，順便參觀一下這家以棒球為主題的手工啤酒屋，並留意他們即將要舉辦的特別活動或臨時活動。www.leftfieldbrewery.ca

49TH PARALLEL COFFEE ROASTERS

2902 Main St, Vancouver, British Columbia;
www.49thcoffee.com; +1 604 872 4901

◆ 餐點　　◆ 購物　　◆ 咖啡館　　◆ 交通便利

在這裡，咖啡搭甜甜圈就像葡萄酒搭起司的道理一樣，少量烘焙（microroasted）的咖啡豆精選自非洲和南美洲農場，深受眾多加拿大餐飲據點推崇。各種口味的甜甜圈（名為「Lucky's」）則是人氣最高的產品，還有焦糖布丁、伯爵茶、薰衣草等特殊口味。

49th Parallel 創立於 2004 年時只是一家小烘豆坊，2007 年在基斯蘭奴區（Kitsilano）擴展成咖啡館，並於 2012 年在溫哥華最時髦的商業街，開設第二家裝潢頗具流線型美感的分店，並開始製作甜甜圈。可以在這裡一邊啜飲焦糖色的香濃拿鐵，一邊透過玻璃牆觀賞師傅們製作甜甜圈的精采過程。

周邊景點

福溪海堤（False Creek Seawall）

從商業街走過來就可抵達這條長達 28 公里的海堤。這裡是溫哥華最熱鬧的海灣，附近有公園、公共藝術和以前留下的奧林匹克村。

泰勒斯科學世界（Telus World of Science）

這裡原是為了 1986 年世界博覽會而建，並在最近更新設備。閃閃發光的銀色球體俯瞰整個福溪海堤，透過教育展覽和一座 IMAX 電影院啟發許多青少年對科學的興趣。
www.scienceworld.ca

AUBADE COFFEE

230 E Pender St, Vancouver, British Columbia;
www.aubadecoffee.info; +1 604 219 9247

◆ 購物　　◆ 咖啡館　　◆ 交通便利

這家由 Eldric Stuart 所經營的小咖啡館位於溫哥華唐人街附近一家骨董店內。咖啡豆輪流採購自世界知名烘豆商，種類不多卻都是精品。越過一張廚房式吧台送上精確沖煮的咖啡飲品，以極親切的方式服務客人的 Stuart，最注重咖啡的品質與客人的接受度。咖啡是用愛樂壓沖泡的，使用的是他自己所設計的 Aiser 濾紙。當你造訪時，務必點當季的招牌愛樂壓咖啡。該店還有一個有趣的特色，那就是「駐店計畫」。有興趣學習經營咖啡店各種細節的咖啡師，可以來這裡當一日店長。

周邊景點

The Keefer Bar

用雞尾酒來展開你美麗的夜晚吧！這家位於唐人街內的酒吧兼容並蓄，以藥店為主題，但也提供亞洲風味的小盤料理。
www.thekeeferbar.com

Oyster Express

這家位於唐人街的休閒餐廳提供當地產的生蠔、海鮮及各種雞尾酒。在「happy hour」（17:00-19:00）造訪這家空間舒適的店，就可享受們晚餐前提供物美價廉的雙殼貝類。
www.oysterexpress.ca

51

MILANO COFFEE ROASTERS

156 West 8th Ave, Vancouver, British Columbia;
www.milanocoffee.ca; +1 604 879 4468

◆ 餐點　　◆ 烘豆　　◆ 課程（客製化）
◆ 購物　　◆ 咖啡館　◆ 交通便利

先說明，Milano 不是米蘭（Milan），更不是義大利。這家咖啡館座落於溫哥華的快樂山（Mount Pleasant），但老闆是出身於溫哥華小義大利區的義大利人。這家咖啡館遠在 1984 年時就開張了，與其他咖啡館最大的不同在於配方豆。Milano 不提供單品豆；反之，它的特調咖啡豆可以高達十二種不同品種或產區，且全都現場烘焙。

咖啡館內以木頭裝潢，空間舒適寬敞，窗外還面對著一座公園。在這裡，你想點什麼都有，從手沖咖啡、法式濾壓到滴濾式咖啡等，不過，因為老闆的義大利血統，招牌仍是義式濃縮咖啡。每天都有六種不同的濃郁順口義式濃縮咖啡，尤其與香甜西西里捲（cannoli）搭配時，滋味更叫人滿足。

周邊景點

固蘭湖島（Granville Island）

這個溫哥華藝術、手工藝品和小型店鋪社群等的集散地（下圖）充滿了街頭藝人的表演、參觀選購的談笑聲，以及悠閒的西岸生活步調。www.granvilleisland.com

溫哥華博物館（Museum of Vancouver）

小型博物館位於濱海的凡尼爾公園（Vanier Park）一塊漂亮的區域，展示品為溫哥華尚短的歷史提供了一個明晰的輪廓。
www.museumofvancouver.ca

哥倫比亞

哥倫比亞和咖啡的關係很密切，驚人的數據指出，這個國家是世界第三大咖啡產國，每年輸出的咖啡豆超過八十萬噸，也是純粹外銷阿拉比卡咖啡豆的最大國；這種據稱遠在 18 世紀時，最早由耶穌會教士從委內瑞拉帶來的咖啡豆，全國有五十萬名咖啡農在種植。

在今日，咖啡豆是哥倫比亞最大宗的輸出產品，占該國約 7% 的 GDP，而其主要咖啡產區——咖啡金三角——因為它的「咖啡文化景觀」，甚至被列為聯合國教科文組織世界遺產之一。

咖啡在這裡是真正的霸主，而它能擁有如同帝王這樣的身分，是基於哥倫比亞的咖啡豆全部都是手工採摘的事實。但是，當你在哥倫比亞坐下來想要享受一杯晨間咖啡時，你所嘗到的苦澀滋味通常會令你大失所望。

這樣的矛盾源自於哥倫比亞絕大多數的高品質咖啡豆都外銷了，使得國內所能消費的都是品質最差的咖啡豆。這倒並非表示哥倫比亞境內找不到好咖啡，只是可能會有點像尋寶一樣困難。一般的咖啡就是在街頭小推車用熱水瓶沖泡的 tinto（意為「墨水」，指黑咖啡）或 perico（「上色」，也就是加了牛奶）那種最粗糙、最基本的形式，或哥倫比亞各大城市無所不在的「Oma and Juan Valdez」連鎖店的咖啡——站在驢子旁邊被命名為 Juan Valdez 的虛構人物，是全世界最為人熟知的廣告標誌之一。

CAFÉ JESÚS MARTÍN

Carrera 6A No 6-14, Salento, Quindio;

www.cafejesusmartin.com; +57 300 735 5679

◆ 餐點　　◆ 購物　　◆ 咖啡館　　◆ 交通便利

如果想在哥倫比亞找到一杯品質優良的咖啡，那就直接前往咖啡豆主要產區——咖啡金三角！此地最古老的小鎮薩倫托（Salento），色彩繽紛的建築沿著街道分布彷彿一排排糖果屋，藏身其中的 Café Jesús Martín 難得地滿足了本地愛好者的味蕾。

這家由當地某咖啡農的兒子於 2008 年開始經營的咖啡館，主要使命就是告訴哥倫比亞人他們錯過了什麼——也就是藉由闡述咖啡的優點，達到教育與啟發國人的目的。該館的咖啡豆就來自 Jesus Martin 自己的咖啡園及其他小規模單品豆的咖啡農場，並在自家的工廠烘焙。

裝潢是典型哥倫比亞式的隨興風格，整片牆塗滿了彩色的圖案、用裝咖啡的麻袋作為坐墊套、幾張小桌子和幾隻類似熊和狗的咖啡藝術擺飾等。所提供的咖啡體驗，其中的一個亮點就是「差異展示」：咖啡師會在你面前排出數種研磨好的咖啡讓你做比較，分別是你在這家咖啡館內會喝到的咖啡，以及會被這個國家其他人喝到的那些咖啡。一定要做這個品鑑測試，然後有關咖啡的一切疑惑就會迎刃而解。

周邊景點

可可拉山谷（Cocora Valley）

走路或騎馬穿過這座美麗的山谷，欣賞世界最高大的棕櫚樹（也是哥倫比亞的國樹）：蠟棕櫚。

國家咖啡公園（National Coffee Park）

與咖啡相關的主題公園，如何叫人不愛？這座公園內擁有常見的設備——滑水道、雲霄飛車等——但也有一座咖啡博物館和咖啡種植園區。www.parquedelcafe.co

聖文森溫泉（San Vicente thermal springs）

浸泡在五座水溫 37℃ 的溫泉池裡，真是人生一大享受。只要在此過夜，你就可以住一晚附有私人溫泉池的小木屋。
sanvicente.com.co

洛斯內華多斯（Los Nevados）自然國家公園

「咖啡金三角」的土壤之所以肥沃，就是因為洛斯內華多斯周圍白雪覆蓋的火山群。火山活動時登山路徑會關閉，出發前請先查詢相關訊息。www.parquesnacionales.gov.co

哥斯大黎加

如何用當地語言點咖啡？ Un cafécito, por favor
最具特色咖啡？ 傳統滴濾咖啡（Café chorreado）。
該點什麼配咖啡？ 一塊好吃的點心，例如當地糕點、餅乾、酥皮點心或肉餃等。
貼心提醒： 不要點即溶咖啡或過濾器咖啡，因為會被認為沒有格調。如果在店裡沒有看到義式濃縮咖啡機，那就不要點義式濃縮。請入鄉隨俗，點菜單上有的。

 説到哥斯大黎加的咖啡，就不能不讚美 chorreador 這種傳統的咖啡萃取工具。這是該國普遍使用的咖啡滴濾壺，其設置包括一個開口向上、襪子型的小布袋，掛在一個造型質樸的木架上。使用時，將熱水倒入裝有咖啡粉的袋子中，被熱水滲透後的咖啡便會滴入放在袋子下面的容器裡。這就是如今風行只要有優秀咖啡師坐鎮的店，就會有手沖咖啡萃取法的先驅。

然而在哥斯大黎加，chorreador 已經被使用一百多年了——也就是從 1830 年代起，當時法律規定每一戶人家都必須在自己的土地上種植至少兩株咖啡樹，使得咖啡豆成了該國最大宗的出口品（現在已經被其他產品超越）。因此，咖啡早就是哥國文化裡根深蒂固且非常受到重視的一部分。

時至今日，哥國人喝的大量咖啡來自八大咖啡產區及八萬多名咖啡農（種植面積大多數不到五公頃），然而並非所有咖啡館都有拿到優質豆的好運氣，哥斯大黎加的精品咖啡豆大多跳過本地市場——尤其是世界上聲譽最佳、當之無愧的「黃金豆」（granos de oro）。即使在今日，哥國約 90% 的咖啡產品仍用於出口外銷，使得大部分國人飲用咖啡時能選擇的種類不但稀少，品質常常也較低劣。

然而，所有事情都是相對的；不管你在這個國家的哪個地方，總是能找到一杯好咖啡。特別是在手工咖啡館和經營者都已經開始在國內尋找廣泛知音的現在，情況更是如此。

FINCA ROSA BLANCA
COFFEE PLANTATION RESORT

Santa Bárbara, Heredia;

www.fincarosablanca.com; +506 2269 9392

◆ 餐點　　◆ 烘豆　　◆ 課程
◆ 購物　　◆ 咖啡館

為了欣賞 Finca Rosa Blanca 咖啡莊園度假村（FRB）刻意設計卻又內斂隱蔽的多種層次，你必需先在原始森林的華蓋以及為顧客提供隱私的茂密樹叢間放鬆下來。這裡是鳥雀的最佳棲息地，也是哥斯大黎加某些最優質、有機、永續管理、蔭下栽種單品豆的理想生產地。

莊園主人及工作人員的終極目標始終是最高品質，結合精緻服務、環境敏感度（園方擁有最高等級的「five-leaf」永續認證）與製造優良咖啡的虔誠之心。合夥人之一 Glenn Jampol：「只有最優質的咖啡，才能觸及消費者的價值核心。」

這個園區生產哥國少數幾種「莊園咖啡」之一，代表園方能夠控制整個生產過程。為了追求卓越，咖啡達人會在過程中的每個步驟研發各種創意與革新，包括對過程中所產生的有機物質進行循環利用等。

園區裡的 Buho Bar 和 El Tigre Vestidoh 餐廳都供應咖啡，以及與咖啡相關的多種風味料理。特別設計長達兩個半小時的咖啡莊園導覽，則跟園中其他東西一樣都是全世界最棒的，不但深入且富含教育意義，最後還有引人入勝的咖啡杯測及品鑑。

周邊景點
Braulio Carillo 國家公園

從健行步道便可進入這座國家公園。它廣闊的保護區涵蓋了七個生態區以及容納數百種動物的多處棲息地。www.sinac.go.cr

流行文化博物館（Museo de Cultura Popular）

這座博物館由哥國某前總統的故居改裝而成，主要展示哥斯大黎加 19 世紀的流行文化。www.museo.una.ac.cr

雨林冒險大西洋公園
（Rainforest Adventures Atlantic Park）

扶老攜幼的家庭遊客們最喜愛大西洋公園裡的滑索、空中電車及附有導覽的天然步道等設施。此公園是一座私人的生態保護區，毗鄰 Braulio Carillo 國家公園。

www.rainforestadventure.com/costa-rica-atlantic

巨嘴鳥救援農莊（Toucan Rescue Ranch）

這個農莊給巨嘴鳥及其他野生動物提供了一個安全的庇護所，其最終目的就是在這些動物康復後，讓牠們回歸野外。

toucanrescueranch.org

古巴

如何用當地語言點咖啡？
Póngame un cafecito, por favor
最具特色咖啡？
古巴咖啡（Café Cubano，又稱作 cafecito）。
該點什麼配咖啡？焦糖布丁（標準的古巴甜點）。
貼心提醒：在傳統小店裡請點黑咖啡，因為古巴的牛奶通常是奶粉沖泡的，不適用來調製拿鐵或卡布奇諾。

在古巴，幾乎家家戶戶的爐架上都會放著一隻咖啡壺，隨時準備沖泡咖啡。它的無所不在就如同 1950 年代時藏在櫥櫃裡的那一瓶深色蘭姆酒，或掛在電視機上方的古巴英雄切·格瓦拉的照片。咖啡，是古巴最偉大的社會平等主義者。你只要半隻腳踩入古巴人的家裡，立即就會有人邀請你進去喝一杯咖啡，習慣上是一杯剛煮好、濃郁的義式濃縮，再配上一則當地的八卦新聞。加糖則是一種默契，在準備的過程就加好了，於是送到你手上的就是一杯濃郁、香甜、強勁的飲品。

古巴一直都是全世界最大的咖啡產國。古巴聖地牙哥周圍廢棄的咖啡園（可遠溯至 19 世紀初期）現在已被列為聯合國教科文組織世界遺產。此地最早的咖啡農是因海地的奴隸暴動而逃過來的法國移民。在 19 世紀中期，古巴咖啡的產量甚至一度超越蔗糖。

1959 年的革命及其後導致的美國禁運，曾對古巴的咖啡產業造成重創。但在多年的低迷後，咖啡文化如今正在復甦。在私人商業法鬆綁後，首都哈瓦那近年颳起了一股新式咖啡館旋風，為觀光客提供的通常是古巴流行的兩種品牌——虎爵 Cubita 和 Serrano。對一般古巴人來說，純粹的咖啡仍是力所不能及的消費；他們只能湊合著飲用「混合咖啡」（café mezclado），也就是一種混合了咖啡豆和乾碗豆的劣質產品。

EL CAFÉ

Amargura #358 btwn Villegas and Aguacate St, Havana;
www.facebook.com/elcafehavana; +53 7861 3817

◆ 餐點　　◆ 咖啡館　　◆ 交通便利

在一個仍然受制於官僚與難懂規則的國家中，El Café 的產品採購成就傲人。由工業工程師轉行的店主兼主廚 Nelson Rodríguez Tamayo 在為客人製作酸麵包和煎蛋早餐時提供義式濃縮咖啡，用古巴人的話來說：這簡直是電影裡才有的情節。

2014 舉家從倫敦搬回古巴的 Nelson，因為在哈瓦那找不到一頓還可以的早餐而投入創業；從 Escambray 山脈採購而來的咖啡豆烘好送至咖啡館裡時還是溫熱的。Nelson 於 2016 年和 Marinella Abbondati 合開了這家生意興隆的咖啡館，漂亮的西班牙地磚上隨意擺著幾張桌子和風格迥異的椅子。在漫步於哈瓦那悶熱的街頭前，先進去享受一杯裝在美式矮胖玻璃杯中的冰咖啡。

周邊景點
Clandestina

古巴設計師 Idania del Río 出售設計大膽的 T 恤、布製提袋及各種嘲笑古巴的難題和歷史的俏皮紀念品。店裡漂亮的絹印海報是你非買不可的商品。*www.facebook.com/clandestinacuba*

實驗藝廊（Experimental Gallery）

收藏家 Arley 在他殖民地風格的街角空間販售各種稀奇古怪的紀念品、普普藝術家 Ares 的作品、Sahara Habana 的街頭攝影和古巴老海報。*Corner of Amargura and Aguacate*

EL DANDY

Brasil cnr Villegas, Habana Vieja, Havana;
www.bareldandy.com; +53 7867 6463

◆ 餐點　　◆ 咖啡館　　◆ 交通便利

在哈瓦那新興的咖啡景觀中，最時髦的玩家就棲息在古城區一座典型的散亂建築物裡，俯瞰著一度被遺忘而今又再度繁榮起來的基督廣場（Plaza del Cristo）。這裡到處都是復古的影像藝術、迷人的紀念品、和透過拱門即可看見的哈瓦那街頭生活，當然也是啜飲一杯馥郁咖啡的最佳去處。

這家融合古巴和瑞典風格的咖啡館開張於 2014，每一杯咖啡使用的都是本地咖啡豆。為了滿足愈來愈多且好奇的觀光客，El Dandy 提供的可不只是標準的古巴咖啡（Café Cubano）而已。試著來一杯混合了煉乳、義式濃縮、肉桂和 Havana Club 蘭姆酒的招牌咖啡——充滿刺激後勁、名為「Dandy」的特調。

周邊景點
國家藝術博物館
（Museo Nacional de Bellas Artes）

這是加勒比海區最優質的藝術博物館，有兩處展區，為參觀者提供了古巴藝術饗宴（偶爾還有一些亮眼的國際藝術展出）。
www.bellasartes.cult.cu

革命博物館（Museo de la Revolución）

哈瓦那最輝煌的宮殿之一（舊總統府），不遺餘力且樂觀地述說著古巴過往的革命榮光。

牙買加

如何用當地語言點咖啡？
Me need fi full up pon sum kaffee
最具特色咖啡？滴濾咖啡。
該點什麼配咖啡？肉餡餅。
貼心提醒：別浪費時間去尋找時髦的小型烘焙坊或咖啡拉花師；牙買加最好的咖啡通常在看起來似乎下次颶風來襲就會被吹跑的海灘棚屋。

牙買加所產的咖啡豆是咖啡界的法拉利，但跟那些超音速汽車一樣，有能力品嚐的人並不多。因為這個國家絕大部分低產量、高檔次的咖啡豆都出口了，而其中超過 80% 都輸往日本。

牙買加最好的咖啡豆產自藍山，深藍色的斜坡在潮濕悶熱的首都京斯敦（Kingston）後方陡然升起。在這裡，咖啡豆的生長、收成和處理都在牙買加咖啡工業理事會的嚴格監督下進行。據傳，藍山咖啡豆的超優品質來自藍山潮濕的霧氣、高聳陡峭的斜坡（獲得認證的藍山咖啡必需種植於 3000 到 5500 英尺的斜坡上）和絕佳排水環境。由於咖啡豆成熟的速度緩慢，便能從中萃取出更濃郁、帶有堅果味且酸度較低的咖啡。最重要的是，牙買加咖啡的口感特別滑順。

在牙買加，咖啡文化並未享有義大利那種歷史底蘊或美國那種行家聯盟，但那並不表示在牙買加你找不到一杯好咖啡。事實上，牙買加是這個世界上少數幾個你不大可能喝到劣質咖啡的國家。卡布奇諾不是牙買加人最常喝的；當地人最喜歡的是用大陶杯沖泡出來且只加一點牛奶的熱咖啡。除了特別為搜羅紀念品的觀光客和東京五星級飯店保留的藍山外，當地人通常喝的是「高山」咖啡——一種口感滑順、帶有巧克力味且多年來一直排行第二的咖啡。話說回來，僅次於法拉利也不算是什麼丟臉的事。

OLD TAVERN COFFEE ESTATE

1.5km southwest of Section Village, Blue Mountains;
+1 876 865 2978

◆ 烘豆　　◆ 購物　　◆ 咖啡館

Twyman 家族負責生產全世界最好的藍山咖啡已經幾十年了。該家族的咖啡莊園位於牙買加最綿長、只有四輪傳動越野車才能到達的山脊上。目前的經營者是 David，他是前莊園主人 Alex 的兒子。Alex 於 1958 年時從英國移民到牙買加來，他堅持不懈地用了十年的時間才拿到咖啡管理局的證照，讓他能夠以令人垂涎的「藍山咖啡」這個商標直接對顧客出售咖啡豆。牙買加的藍山咖啡豆最早可以追溯到 1730 年阿拉比卡樹從聖多明尼克（現在的海地）引進來之時，而 Alex 的堅持確保了優良咖啡豆的悠久傳承。

處理咖啡豆時，Twyman 家族所使用的是傳統的發酵法和曬乾法；同時，他們在自己單一產區莊園裡也儘量不使用太多的化學肥料和殺蟲劑。參觀者必需事先預約；園方會幫訪客安排認識咖啡的課程，包括咖啡的種植和生產等，行程最後並有咖啡品鑑的活動。這裡所生產的稀有圓豆不但味道溫和，且受到咖啡行家之高度讚賞。你可以直接在這個莊園購買他們的咖啡豆，或到他們位於首都京斯敦的門市購買，在最頂級的餐廳和咖啡館都能喝到用他們的咖啡豆萃取的咖啡飲品。

周邊景點

藍山國家公園（Blue Mountain Peak）

從彭林古堡（Penlyne Castle）村莊出發，登山客夜間時分就開始攀登牙買加最高峰。日出天氣晴朗的話可遠眺古巴。

Strawberry Hill 飯店

位於藍山山腳下的這家豪華旅館，可以在超大泳池盡情戲水、享受豐盛早午餐，或在加勒比海風格的小木屋裡放鬆休息。
www.strawberryhillhotel.com

單車行程（Downhill Cycling）

藍山單車行程提供刺激的下山方式，沿路經過由陡峭斜坡開墾出來的咖啡園。
www.bmtoursja.com

Holywell 遊憩區

在這座奇特的原始山林、雲霧林和矮林的生態系統裡，蜿蜒著多條維護良好的登山步道，還有美麗的瀑布和絕佳賞鳥地點。

SMURF'S CAFE

Ocean View Hill Drive, Treasure Beach, St Elizabeth Parish;
+1 876 504 7814

◆ 餐點　　◆ 烘豆　　◆ 購物　　◆ 咖啡館

別惦記著那些做作的手沖咖啡和印象派的拉花藝術了，Smurf's Café 這家磚塊砌成的簡樸早餐店坦蕩蕩地堅持老派風格，位於距瑰寶海灘（Treasure Beach）僅 200 公尺、一個氣氛輕鬆舒適的牙買加社區內。自助式的咖啡裝在廚房旁邊看起來髒兮兮的銀壺裡，據說是混合當地各種咖啡豆後，由主人 Dawn 親自烘焙沖泡而成。何必在意它的萃取過程？那東西喝起來簡直是甘露：口感柔順、令人上癮，嚥下喉嚨時彷彿融化的巧克力。在晨間時光喝杯這樣的咖啡，配上一盤豐富的牙買加風味早餐和西非荔枝果、鹹魚等，你會覺得自己好像上了天堂，並飄浮在空中巨大的咖啡烘焙機裡。

周邊景點

法人灣（Frenchman's Bay）

在這瑰寶海灘最棒的一段沙灘上（左頁圖）和聖塔各魯斯山脈（Santa Cruz mountains）的陰影裡，你會遇見的最大麻煩就是，某個當地漁夫請你幫忙把他的漁船拉上沙灘來。

Jakes Hotel

這不只是一家旅館而已。波希米亞風格的店面提供馬賽克課程並出租腳踏車──這是最適合探索海灘附近一座座風格迴異小村落的交通工具。www.jakeshotel.com

墨西哥

如何用當地語言點咖啡？ Un café, por favor
最具特色咖啡？ 陶壺咖啡。
該點什麼配咖啡？ 三奶蛋糕。
貼心提醒： 別帶著你的筆電。個性外向的人都聚集在墨西哥最棒的咖啡屋裡，你應該享受聊天和觀賞人生百態的樂趣，而非躲在全球資訊網絡的高牆後。

雖然很少在全球前十大名單裡被提及，墨西哥其實不僅是全世界第八大咖啡生產國，且對有機、公平貿易豆的產出很執著。墨國的主要咖啡產地有三處：大西洋沿岸的維拉克魯茲州（Veracruz）、位於中南部的瓦哈卡州（Oaxaca），和毗鄰瓜地馬拉的恰帕斯州（Chiapas）。

恰帕斯州的咖啡豆產量為全國之冠，其所生產的高品質阿拉比卡咖啡豆，經巧妙混合萃取後帶著一股濃郁的巧克力風味。瓦哈卡州的咖啡口感較溫和，而在 18 世紀末期最早將咖啡樹引進墨西哥種植的維拉克魯茲州，其口感則更加溫和。

進入一家歷史悠久的咖啡館，你可能發現咖啡通常搭配著美味的點心，如小牛胸腺（sweetbreads）和三奶蛋糕（tres leches cake）等。其中最古老的一家就是開在維拉克魯茲州港口城市的 Gran Cafe de la Parroquia（67 頁）。這家傳奇的咖啡館創立於 1808年，後來因推出一款裝在高腳玻璃杯的泡沫牛奶咖啡（café lechero），並由身穿英挺白色外套的服務生服務而闖下聲名。墨西哥最大的咖啡鎮科特佩克（Coatapec），就在維拉克魯茲州內。這個小鎮的咖啡館數量眾多，雖然看起來都很簡陋質樸，但每一家所採用的每一顆咖啡豆都是本地產、自己烘，且出售的每一杯咖啡都是由新鮮現磨、香氣濃郁的咖啡豆所萃取。

最傳統的墨西哥咖啡飲品，就是別具特色卻不容易找到的陶壺咖啡（café de olla）——裝在一個小陶壺裡、傳統上只會在家裡飲用的咖啡。這個添加了香料、味道濃郁的飲品是由咖啡粉和粗糖（piloncillo）調製而成，裝在一個陶壺裡再放入一支肉桂棒，咖啡迷稱之為「墨西哥香料茶」。

CAFÉ TAL

Temezcuitate 4, Guanajuato;
www.cafetal.com.mx; +52 473 732 6212

◆ 烘豆　　◆ 購物
◆ 咖啡館　◆ 交通便利

Café Tal 的老闆是美國人，店名取自他所收養的一隻流浪貓。瓜納華托州（Guanajuato）擁有兩萬名學生人口，可能是受到許多在這家咖啡館流連忘返的學生注意，這隻貓便在此安家落戶。漫步經過該店，你可能會受到咖啡香氣吸引而走進去。Tal 採用的全都是墨西哥本地產、用復古 Primo 烘焙機烘焙的咖啡豆。至於咖啡館本身則有點雜亂，但這只是部分形象，而且誰會在意某座檯燈不亮呢？在這裡，最重要的是咖啡，而 Tal 的卡布奇諾是這個城市裡滋味最棒的。噢！還有，如果你把咖啡館的標誌──一隻貓踩在一隻杯子上的剪影──刺青在身上的話，就可以終生享受免費的滴濾咖啡。

周邊景點

皮畢拉紀念碑（Monumento a El Pípila）

皮畢拉紀念碑是為紀念墨西哥獨立戰爭時的一位英雄而建。你可以搭乘陡峭的電車輕易地登上這座宏偉的紀念碑，然後用走的下來。

希達哥市集（Mercado Hidalgo）

穿過大廣場就可以看到這座大型美食市集，位於一座外觀像法式舊火車站、設計很不協調的建築物裡。

FINCA LAS NIEVES

Café Cafetal, Calle del Morro S/N Col. Marinero,
Puerto Escondido; fincalasnieves.mx;
+52 954 582 2414

◆ 餐點　　◆ 烘豆　　◆ 課程
◆ 購物　　◆ 咖啡館

如果你真的熱愛咖啡，那麼探訪一座咖啡園肯定在你的願望清單上名列前茅。有什麼比參觀一座由愛熱鬧的瑞荷混血墨西哥人所經營的有機咖啡園更好的選擇的呢？

Finca las Nieves 位於南部的馬德雷山脈（Sierra Madre del Sur），距離衝浪者的天堂埃斯康迪多港（Escondido）僅 90 分鐘車程。參訪行程由園方設在海邊的咖啡館 Café Cafetal 代為安排，可以選擇單日行程或兩天一夜，如果你肚子裡的咖啡蟲鬧得太厲害的話，甚至可以考慮打工度假。

這座農場於 1880 年開始種植咖啡，但因經營不善與經濟不景氣而幾乎破產。然而，在 Gustavo Boltjes 的領導下，已經恢復了往日榮光；而今生產著許多不同品種的咖啡，包括數量稀少深受讚揚、拍賣時競價極高的藝妓咖啡（Geishas）。咖啡園的環境也同樣令人讚嘆，雖然離海邊很近，但是較涼爽的氣溫、蒼翠的自然環境及天然瀑布等，給這座咖啡園提供了種植高品質阿拉比卡咖啡豆的理想條件。

為了培育咖啡樹，Boltjes 自己製作 100% 有機肥料，並且確保零廢棄的原則。他的成果如此輝煌，以致現在全世界的咖啡商都來買他的咖啡豆，使得這座咖啡園不但得以存活，也給當地人提供了很多就業機會。整個行程最棒的就是回到埃斯康迪多後，可以一邊欣賞絢爛的夕陽，一邊啜飲冰啤酒，有如置身天堂！

周邊景點

奇卡特拉海灘（Playa Zicatela）

這個很嘻皮的海灘因為埃斯康迪多超棒的巨大管浪而聞名，長達三公哩的海灘也有許多地方是留給不衝浪的遊客的。

Bar Fly

手拿冰啤酒在夜幕下隨著電子樂跳熱舞是你的最愛？那你一定會喜歡這家露天海灘酒吧。www.facebook.com/BarflyClub

Casa Wabi

這個出乎意料的藝術家之家（左下圖）位於港口以北，由知名日本建築師安藤忠雄所設計，是建築迷非參觀不可的建築之一。casawabi.org

蒸療浴房（Temazcalli）

這是墨西哥本地的三溫暖。此靈性體驗一次約需一個半小時，進行時有梵唱伴隨，以淨化你的靈魂。www.temazcalli.com

HEY BREW BAR

Texas 81, Nápoles, Mexico City;
www.facebook.com/heybrewbar; +52 55 7158 5381

◆ 餐點　　◆ 購物　　◆ 咖啡館　　◆ 交通便利

乍看之下，墨西哥市也許不像是能找到一家好咖啡館、單純提供新鮮濾煮式咖啡的地方，這座城市擁有眾多美式連鎖咖啡店，但菜單上甚至沒有濾煮式咖啡。那麼，歡迎來到 Hay Brew Bar 看看。

墨西哥市新興的 Colonia Napoles 區裡林立著不少漂亮的咖啡館、風味絕佳的小餐廳以及可愛的手工啤酒屋，營造出一股青春熱鬧的氛圍，而其中風格最突出的 Hay Brew Bar 即使放在紐約或東京這種大城市裡也不會令人覺得格格不入。一塵不染的全白色吧台，襯托出店內所使用的優質咖啡豆的顏色；這是店主 Rodrigo Moreno 刻意創造的空間，希望客人能在其中品鑑他從嚴選農場——那亞里特（Nayarit）、瓦哈卡（Oaxaca）、維拉克魯茲（Veracruz）和恰帕斯（Chiapas）等州——所精心採購來的單品豆。店主堅持每日都用一種不同的方式沖泡咖啡，透過這個特色，他成功地證明了同樣的咖啡豆用不同的方式（如 V60 或愛樂壓）萃取，嚐起來的風味完全不同。

Hay Brew Bar 所有的咖啡豆都是在瓜達拉哈拉市（Guadalajara）的 Café Sublime 精心烘焙，而且只與墨西哥本地的咖啡農合作，因此享有幾乎可說產在自家門口的最高品質單品豆及其豐富的多樣性。在喧囂擁擠的墨西哥市，Napoles 是相對較安靜的區域。坐在咖啡館的露臺上，看看書、啜飲一杯新鮮萃取的咖啡，是一件相當愉悅的事。

周邊景點

墨西哥摔跤場（Lucha Libre at Arena México）

對拜訪墨國首都的觀光客來說，觀賞墨西哥傳統摔跤是必備行程。那些摔跤比賽不僅狂野、刺激，而且非常有趣。
www.ticketmaster.com.mx

塔馬約博物館（Museo Tamayo）

墨西哥有許多很棒的博物館，但你若對當代藝術有興趣，塔馬約博物館是最佳選擇，它在當代藝術方面有不少特殊的收藏。
www.museotamayo.art

查普爾特佩克城堡（Castillo de Chapultepec）

這個相當現代的城堡收藏了墨西哥壽命短暫的君主憲治史。從城堡往下俯瞰，整條改革大道和查普爾特佩克公園全景一覽無遺。

El Farolito Mesa Népoles 餐廳

這裡是品嚐傳統墨西哥捲餅的最佳去處，有多種美味烤肉可供選擇。
taqueriaselfarolito.com.mx

DOSIS

Av Álvaro Obregón 24B, Roma Norte, Mexico City;
www.dosiscafe.com; +52 55 6840 6941

◆ 餐點　　◆ 課程　　◆ 購物
◆ 咖啡館　◆ 交通便利

　　這家迷人的咖啡館座落於美麗的
Avenida Alvaro Obregón 大道盡頭，
設計靈感來自舊金山瓦倫西亞街（Valencia
Street）上那些傳奇咖啡館，並且成功地融入
了鮮明的墨西哥元素。

　　Dosis 的咖啡師非常友善，且隨時準備給
客人最佳建議。在驕陽曝曬的夏日裡，你
也許會想試試滑順可口、加了杏仁奶的冰
滴咖啡，或由來自瓦哈卡州西洛特佩克區
（Xilotepec）的咖啡豆所萃取的義式濃縮。

　　店家會在咖啡館後方的文化空間裡舉辦小
型市集、電影之夜和工作坊等，可上臉書專
頁查詢活動預告。

周邊景點
歷史中心（The historic centre）

　　作為全世界最美麗、保存最完善的殖民地
城市之一，墨西哥市輝煌的歷史中心區，給
世人提供了豐富的視覺饗宴。

Tráfico Bazar

　　在這個販售非主流品牌的商店裡，你可以
買到嶄露頭角的設計師與製造商的產品，包
括流行服裝、飾品和紀念品等。
www.facebook.com/traficobazarmx

GRAN CAFÉ DE LA PARROQUIA

Av Gómez Farias 34, Veracruz;
www.laparroquia.com; +52 229 322 584

◆ 餐點　　　◆ 購物
◆ 咖啡館　　◆ 交通便利

Gran Parroquia 不只是一家咖啡館：它是一座歷史古蹟，一座生動活潑的人生大舞台，也是維拉克魯茲州（Veracruz）最著名的景點。自 1808 年開張到現在，仍然每天服務大約三千名顧客。這座生機蓬勃的建築物，分分秒秒都在吸引這座城市形形色色的人們進入它龐大又樸實無華的內部：有些人來這裡聊天，有些人來這裡發呆，更多人是來這裡品嚐和門一樣大塊的三奶蛋糕；但其中有某樣東西將他們連繫在一起——時不時地用湯匙敲自己的咖啡杯——這是此店的奇特傳統，與店內某道非喝不可的飲品有關。當你在 Gran Parroquia 點牛奶咖啡時，穿著白色制服的服務生就會送上玻璃杯裝的義式濃縮，如果想要加牛奶，你就必須用湯匙敲敲玻璃杯，吸引另一名端著一壺熱騰騰牛奶在桌間俐落穿梭的服務生的注意。在你的召喚之下，他會走過來高高舉起牛奶壺，很有技巧地將牛奶從空中注入你的杯子裡。

　　到 Gran Parroquia 如果沒有喝牛奶咖啡就離開簡直是異類，入寶山切勿空手而回。

周邊景點

憲法廣場（Zócalo）

　　位於都會區的生活中心，忙碌吵雜的廣場四周都是殖民時期留下的門廊，日日上演墨西哥人各種戲劇化的生活面向。

防波堤（Malecón）

　　微風輕拂的海堤沿著加勒比亞海的海岸線開展，是當地人受不了熱氣與濕度時喜歡散步的地方。

聖胡安德烏魯阿堡壘（San Juan de Ulúa）

　　殖民時期留下的堡壘訴說了城市航海史，參與導覽可以更深刻地探索堡壘內各處通道、樓梯、橋梁和城垛的歷史意義。

海事歷史博物館（Museo Histórico Naval）

　　這是維拉克魯茲最棒的博物館，大整修之後擁有最先進的設備，連帶使館內與航海爭端相關的老故事展覽變得更有趣、也更具互動性。*www.gob.mx/semar*

尼加拉瓜

如何用當地語言點咖啡？ Un café, por favor

最具特色咖啡？ 牛奶咖啡是早餐的標準配備。

該點什麼配咖啡？ 在尼加拉瓜，咖啡基本上是在早餐時喝，所以搭配的就是紅豆飯，再加上雞蛋、大蕉或墨西哥玉米餅。但在現代化的咖啡館裡，咖啡可能也會配上蛋糕或酥皮點心。

貼心提醒： 請避開連鎖咖啡店，直接找當地人開的小店；他們比較可能與尼加拉瓜本地咖啡農和烘豆師合作。

 現今，要在紐約或舊金山的咖啡館裡找到有機、蔭下栽種且經公平貿易認證的尼加拉瓜咖啡——不論是咖啡豆或精心萃取的咖啡飲品——已經不是一件稀奇的事了，但從前並非如此。尼加拉瓜在現代史中多數時候都受著政治動盪和經濟困境的蹂躪，因此，儘管這個國家北邊的高原非常適合咖啡生產，尼加拉瓜咖啡豆卻不常出現在市場上；在冷戰時期，咖啡豆對美國的輸出甚至完全被禁止。

尼加拉瓜的問題仍然很多，但咖啡不是其中之一。全球的咖啡愛好人士都已開始矚目產自希諾特加（Jinotega）、馬塔加爾帕（Matagalpa）和塞哥維亞（Segovia）等地區的咖啡豆，其風味馥郁、迷人，帶有果香與微酸。近年來由於咖啡的輸出已經復甦，尼加拉瓜人也開始飲用較多（且較好）的咖啡。現在，尼加拉瓜有四萬多個家庭在鄉村地區從事咖啡栽種；而在繁忙的大城市如馬拿瓜、萊昂、格拉那達等地，尼加拉瓜人也不只在早餐時飲用咖啡，他們會在下班後到咖啡館與家人或朋友碰面約會。

遺憾的是，較高的需求並非就意味著較好的咖啡品質。尼加拉瓜一方面有濃郁滑順帶有堅果味和香草味的咖啡，另一方面也有一般人家裡廚房淡如水的即溶咖啡或購物商場的甜味咖啡。但整體情況正在改善，咖啡農也共襄盛舉，他們歡迎訪客來見證咖啡豆的收成和製作，並順道購買一些咖啡豆回家。

PAN Y PAZ

Esquina de los Bancos, una Cuadra y Media al Este,
1ra Calle NE, León; www.panypaz.com;
+505 2311 0949

◆ 餐點　　◆ 烘豆　　◆ 課程
◆ 購物　　◆ 咖啡館　◆ 交通便利

尼加拉瓜的咖啡種植區生產全世界最好的咖啡豆，但那些好東西，一直以來（至少直到最近）多數都是為了出口。有兩個想要找一杯好咖啡以及最佳搭檔法國麵包的歐洲人，來到了靠近太平洋的西班牙殖民城市萊昂（León），並改變了這樣的現狀。

來自法國的 Christian 和來自荷蘭的 Miranda 於 2010 年時一起開設了這家專門製作傳統法國麵包和酥皮點心的手工麵包店。他們先是與當地的咖啡供應商合作，最後和 Twin Engine Coffee 合夥開了公司——這是尼加拉瓜僅有的一家咖啡公司，而且只烘焙 100％精品等級的尼加拉瓜阿拉比卡豆。在離市區中央公園僅兩條街處開了第一家店，寧靜的庭園裡設有戶外座位是其特色；之後他們在離萊昂大教堂（León's cathedral）只有半條街的地方，開設了第二家專供咖啡飲品的店。在第二家店裡，客人們可以品鑑來自全國各地不同咖啡豆所萃取的咖啡。

不管你光臨的是他們的哪家店，剛出爐的點心搭配咖啡都是必點。Miranda 推薦早晨時一杯簡單的咖啡配上一塊巧克力可頌麵包，而下午時分則是一杯摩卡（以尼加拉瓜產的可可粉調製），再配上用咖啡鮮奶油和本地產的腰果所做的酥皮點心。

周邊景點
萊昂聖母升天大教堂
（Catedral de la Asunción de María de León）

這座規模宏偉的聖母升天大教堂（上圖）是中美洲最大的教堂，其新古典主義風格的建築禁得起地震的威脅。尼加拉瓜最著名的現代主義詩人魯本‧達里歐（Ruben Darío）即長眠於此教堂內。www.catedraldeleon.org

Nicaraguita Restaurante & Cafe

冰涼的莫吉托雞尾酒（mojitos）、酥脆的油炸大蕉和現場音樂等，只是這家友善的咖啡館兼餐廳的其中幾樣特色而已。
www.facebook.com/nicaraguitacafe

革命歷史博物館（Museo Histórico de la Revolución）

萊昂是自由尼加拉瓜的心臟。這座位於廣場旁的博物館展示了從 1972 年馬拿瓜大地震到桑地諾革命（Sandinista revolution）的近代歷史。www.nicaragua.com/museums

Las Peñitas 村

搭乘巴士來到寧靜的 Las Penitas，你可盡情探索這座沿海小村落和 Isla Juan Venado 自然保護區，此保護區是海龜最重要的築巢地之一。www.laspenitas.com

美國

如何用當地語言點咖啡？
I'd like a ___ coffee, please（空格請填入超精確的點選細節，例如「半咖啡因、不要奶泡、加杏仁奶」等）

最具特色咖啡？
裝在外帶杯的滴濾咖啡，或有拉花設計的拿鐵。

該點什麼配咖啡？
甜味的糕點，例如自製餅乾或奶酪蛋糕。

貼心提醒：小費別給錯了！在櫃台點咖啡時，如你要外帶就無需給小費；但若要坐在店裡享用，習慣上就要給一些小費，通常是直接把零頭湊成一塊錢。

美國總是稱自己為「大熔爐」，將各種迥異的文化攪和在一起；而這樣的觀念，對這個國家多年來面對咖啡的態度，一直有直接且深遠的影響。從義大利人「給我義式濃縮，其餘免談」的強烈愛好，到澳洲悠閒的咖啡生活情調，美國當前的咖啡景象可說是消費者所渴望的透明度、產地以及風味等結合起來後的一種拼貼性選擇。但那樣的咖啡豆也是經歷了緩慢的一百年，才從淡而無味或烤焦的結晶物，演變到今天鮮亮且圓潤的產品。

首先是 1950 年代的家庭主婦，她們使用化學處理過的食材（hello minute-rice!）為家人準備餐食，並將咖啡粉狀物引進自己的櫥櫃和日常生活裡。聰明的行銷讓各種精品口味成為下一波的生活必需品，此外還有咖啡店與麥當勞連鎖餐飲遍布全國的結盟。而由於美國人用餐時加入了這個小儀式，咖啡旅行杯很快便成了像皮夾般重要的配件。在過去幾十年，「have it your way（按照你）」這句口頭禪幾乎支配了美國人早晨飲用咖啡的形式，當然也因為有星巴克這種咖啡巨擘的推波助瀾。咖啡萃取的過程成為一種非常個人化的體驗，與第一波咖啡浪潮的普及正好相反，人們在精品咖啡上做各種添加與裝飾，例如加上奶泡、奶油、糖漿、配料與不同的調味等。

在今日，隨著美國的咖啡師和烘豆師往精品咖啡這個無底洞愈探愈深、並且注重產品遠勝過行銷策略，以致「消費者並非永遠是對的」已經是一個勝出的觀念。如今，人們對待咖啡豆的態度有如對待釀酒用的葡萄或巧克力——風味及烘焙概況被盡責地記錄下來，並且嘗試各種混合配方以便創造出全方位的口感與滋味，從略澀、檸檬色澤到濃郁的巧克力風味等。每一種混合都是小批量

TOP 5
咖啡推薦

- **Stumptown**：Hair Bender
- **Intelligentsia**：Black Cat Classic Espresso
- **Counter Culture**：Apollo
- **Devoción**：Wild Forest
- **Blue Bottle**：Three Africans

話咖啡：DARLEEN SCHERER

美國咖啡業正在大出鋒頭
從烘焙數據記錄
到咖啡師的專業萃取
每一步驟的產品質量都在進步
對咖啡而言，
這是非常令人振奮的時代。

包裝，而櫃台的服務人員也渴望自己所選擇的咖啡豆能更符合顧客的口味，而非只是在外帶的星冰樂上添加裝飾配料而已。至於份量，在現今美國的咖啡文化裡，至少已經不是愈大杯愈好了。

那麼接下來呢？在第二波和第三波咖啡浪潮之間的短暫更迭期，消費者和企業主們也都急於討論接下來的會是什麼。大型烘焙坊和手工烘豆之間愈來愈狹窄的區分，也預示著咖啡工業的鑽研將愈來愈深，以期進一步闡明每種單品豆及不同品種之間的諸多不同，以及最後該如何萃取。

即便是咖啡精品品牌 Stumptown 的創始人 Duane Sorensen——已於 2015 年將品牌賣給 JAB Holding 集團（Peet's Coffee 的母公司）——也在眾人期待之下回到幾乎由他一手打造、如今已經趨近飽和的小型烘豆坊市場。2017 年時，以創建 Stumptown 時「have it your way」的相同熱情，新品牌 Puff 在波特蘭開張了。

事實證明，美國這個大熔爐更像是一個咖啡杯。

BOXCAR COFFEE ROASTERS

1825 Pearl St B, Boulder, Colorado;
boxcarcoffeeroasters.com; +1 720 486 7575

◆ 餐點　　◆ 烘豆　　◆ 購物
◆ 咖啡館　◆ 交通便利

　　針對科羅拉多州博爾德市的高海拔（約高於海平面一英哩），Boxcar Coffee Roasters 研發了一種獨特的咖啡萃取法名為「Boilermakr」，是從洛磯山脈裡的篝火所得來的靈感：把咖啡粉放入燒瓶裡煮沸，博爾德的高緯度將水的沸點降低到完美的萃取溫度 94℃。只煮沸幾秒咖啡師便將燒瓶移放到冰塊上，以減緩萃取速度。過濾咖啡渣後，一杯牛仔風格的咖啡就完成了。Boxcar Coffee 有著紅磚牆外觀、大理石桌、天窗和植物等，是完美的喝咖啡兼約會地點，也是社交媒體上的知名打卡景點。與美食雜貨店 Cured 共用一個店面空間，因此等待你的 Boilermakr 時，可以先開心地去選購熟食、奶酪和酒精飲料等。

周邊景點

Pearl Street Mall
　　這個充滿魅力、長達四條街的步行購物區，有無數兒童與大人都喜歡的商店和餐廳。街上也有許多熱鬧的活動，包括街頭藝人、音樂會和啤酒節等。
www.boulderdowntown.com

Sanitas Brewing Co
　　這家很棒的啤酒屋，天氣晴朗時戶外的大露臺很適合玩「美式沙包」和「滾地擲球」等遊戲。*www.sanitasbrewing.com*

INTELLIGENTSIA

3123 North Broadway, Chicago, Illinois;
www.intelligentsiacoffee.com; +1 773 348 8058

◆ 餐點　　◆ 購物
◆ 咖啡館　◆ 交通便利

Intelligentsia 不但引進了與咖啡工業直接交易的觀念，更是第三波咖啡浪潮的先鋒。咖啡館的創始人 Doug Zell 和 Emily Mange 在芝加哥開創了他們的奢華帝國，做為與咖啡社群聯結的一個方式。一開始，他們是自己烘焙咖啡豆，以較古老的機器實驗不同的配方，並與海外信譽優良的咖啡農建立鞏固的關係。他們對咖啡的來源及萃取方式非常挑剔，並願意為自己親手精選的咖啡豆付出遠高於公平貿易的價格。快速發展二十年後，如今他們的咖啡館遍布全美國，並擁有贏得許多大獎的咖啡師團隊。想要在 Intelligentsia 裡占得一席之地的咖啡師們，必需先通過一個長達三十頁的考試，並在訓練期間證明自己的本事。

位於芝加哥的這間創始老店依舊生意興隆，且以服務效率聞名，雖然咖啡師們仍然樂意花時間在你的拿鐵上拉花。地點就在鬧區，是朝九晚五的上班族會在早晨時光快速來一杯或下午時分來做外帶的便利處。但是，在店裡稍作停留、享受一下工業風氛圍，也是很不錯的體驗。而店裡座位的布置，不但方便你攜帶筆電在此工作，也是與朋友一邊聊天、一邊品鑑最新鮮單品咖啡的好地方。

周邊景點

瑞格利球場（Wrigley Field）

這座指標性的棒球場是芝加哥小熊隊的主場，名稱取自著名的口香糖大亨威廉‧瑞格利二世（William Wrigley Jr.）。
www.mlb.com/cubs

Wilde Bar & Restaurant

餐廳的名字取自飽受爭議的愛爾蘭作家奧斯卡‧王爾德，酒吧內洋溢著一股經典的芝加哥美學風：大型皮椅、壁爐、四周環繞的書架等。*wildechicago.com*

Mortar & Pestle

這家提供早餐、午餐和早午餐的餐廳擁有全球性的發想創意。菜單兼容並蓄，包括漏斗蛋糕、油炸綠番茄和鵝肝煎蛋。
www.mortarandpestlechicago.com

Laugh Factory

到這個芝加哥最著名的脫口秀俱樂部之一，享受一晚的雞尾酒和脫口秀表演。在這裡演出的有資深及新秀喜劇演員，偶爾也有名人客串。
www.laughfactory.com/clubs/chicago

AVOCA COFFEE

1311 West Magnolia Ave, Fort Worth, Texas;
www.avocacoffee.com; +1 682 233 0957

◆ 餐點　　◆ 烘豆　　◆ 課程
◆ 購物　　◆ 咖啡館

沃斯堡（Fort Worth）能夠出現咖啡景觀，都要歸功於 Garold LaRue 與 Jimmy Story，這個說法一點都不誇張。LaRue 是第五代咖啡農，和 Story 在沃斯堡最時髦的南區（Southside）開了這家由汽車修配廠改裝的 Avoca Coffee，並經營成該區最佳咖啡館之一，此外也供應並輔導了沃斯堡和達拉斯（Dallas）的無數咖啡館、餐廳和雜貨店。

店裡有小型烘豆設備，可以看到採購自中美洲和非洲的咖啡豆烘焙和包裝過程（在博物館區另有一家分店）。店裡可以看到熱情的咖啡愛好者（學生、商人、上班族等）啜飲著他們的拿鐵、義式濃縮、卡布其諾，或是摩卡拿鐵。

務必買一些咖啡豆回家：Mogwai Blend 口感醇厚，帶有巧克力和櫻桃餘韻。

周邊景點

肯貝爾藝術博物館（Kimbell Art Museum）

這座由建築師路易斯·康（Louis Kahn）設計的博物館，離 Avoca Coffee 位於 Foch St 的分店不遠。館內收藏林布蘭（Rembrandt）、戈雅（Goya）和畢卡索等名家作品，適合享受一場不含咖啡因卻也振奮人心的饗宴。www.kimbellart.org

南區（The Southside）

沃斯堡南區是一個重建區域，時髦別緻的 Magnolia Avenue 上有不少很棒的餐廳、藝品店和一家玻璃工藝館。www.nearsouthsidefw.org

GREENWELL FARMS

Kealakekua, Hawaii;

www.greenwellfarms.com; +1 808 323 2295

◆ 烘豆　　◆ 購物

◆ 咖啡館

每年一月到五月，夏威夷西邊的火山坡上便覆滿了「科納雪」——當地人對美麗的白色咖啡花的暱稱。自19世紀基督教傳教士將咖啡樹引進夏威夷群島後，整個科納區（Kona）便開始了小規模栽培的繁榮盛景。時至今日，數百座小型的家族式農場仍然在這些崎嶇、富含礦物質且飽吸了熱帶陣雨及陽光的山坡上種植著咖啡樹。雖然100%的柯納咖啡豆並不便宜，但因其濃郁、香醇、中等稠度等特色，確實不負盛名。

在少數對大眾開放的柯納咖啡園中，沒有比創始於1850年的Greenwell Farms更具悠久歷史。在這個家族經營的莊園裡，友善的導遊會耐心向你解說從採收、去皮、乾燥到烘焙等整個過程。藉此機會，你可以非常靠近並嗅聞咖啡樹，以及免費品鑑新鮮萃取的各種咖啡飲品。離開前，別忘了搶購一包100% 科納咖啡豆。想帶款特別的回家？推薦限量版的 Elizabeth J，是以質感明亮、帶有果香的 Pacamara 豆製成。

科納咖啡節（Kona Coffee Festival）

每年十一月時，科納地區會連續十天舉辦咖啡慶典，活動包括遊行、音樂會、藝術文化展覽、採果競賽及杯測比賽等。

konacoffeefest.com

Ka'aloa's Super J's Authentic Hawaiian Food

在這間家庭經營的路邊攤，你可以大啖堆滿整個盤子的夏威夷風味美食。千萬別錯過他們的 poi（山芋泥）。*+1 (808) 328-9566*

周邊景點

Kona Coffee Living History Farm

來這個傳統咖啡農莊體驗1920年代日本移民的生活。在這裡，所有的工作仍全部以手工進行。*www.konahistorical.org*

基亞拉凱庫亞灣州立歷史公園
（Kealakekua Bay State Historical Park）

來到這個寶藍色的海灣，與美麗的熱帶魚和海龜一起浮潛、泛舟或潛水。這裡也是庫克船長和夏威夷土著第一次邂逅的地方。

hawaiistateparks.org

G&B

317 S Broadway Ste C19, Los Angeles, California;
gandb.coffee; +1 213 265 7718

◆ 餐點　　◆ 購物
◆ 咖啡館　◆ 交通便利

當兩位 Intelligentsia（頁73）的員工決定出來開設一家高級咖啡概念吧，G&B 於焉誕生。Kyle Glanville（G）和 Charles Babinski（B）都是冠軍咖啡師，曾分別是 Intelligentsia 的策略副總和首席訓練師。為了完成自己一生的夢想，設計了一個360°的大理石櫃台，讓顧客在吧台點咖啡可以不用排隊。他們也鼓勵客人透過簡訊點餐，這樣就可以完全不用等。運氣好的話也許可以搶到十九張凳子的其中一張，不過如果它們全部都被占了也沒關係，你可以外帶一杯「冰杏仁夏威夷果卡布奇諾」（沒加牛奶所以是素的），一邊享受美妙滋味、一邊逛洛杉磯市中心的中央市場（Grand Central Market）。

周邊景點
中央市場（Grand Central Market）

位於洛杉磯市中心的中央市場，有各種各類的飲食攤和珠寶店，其鮮明的色彩和熱鬧擁擠的走道讓人想起歐洲市集。
www.grandcentralmarket.com

布洛德博物館（The Broad）

這是一座免費入場的當代藝術博物館，但你必需在前一個月的第一天預約門票（通常很快就被搶光）。thebroad.org

ABRAÇO

81 East 7th St, New York City, NY;
www.abraconyc.com

◆ 餐點　◆ 購物　◆ 咖啡館　◆ 交通便利

如果少了咖啡師簡略的招呼，典型的紐約咖啡館服務是什麼樣子呢？在 Abraco，除了咖啡師惜字如金，其他的一切都讓人感覺親切無比，不管是和當地人一起擠在風格簡約的空間裡，還是馬克杯裡溫熱、濃郁的咖啡飲品。

Abraço 位於東村（East Village），是一間家族經營的咖啡館，內部設計靈感來自南歐的義式濃縮咖啡吧，與近幾年悄悄潛入這個大城市的連鎖咖啡館有著令人耳目一新的差異。他們最近才遷到對面一間較大的店面去，而那意味著你有更大的空間可以慢慢享受拿鐵。切勿錯過他們的橄欖油蛋糕（可以完美吸乾殘餘的咖啡），或吃了還想再吃的巧克力巴布卡蛋糕。

周邊景點
移民公寓博物館（Tenement Museum）

這座博物館詳細記載了 19 世紀中葉，移民們剛抵達紐約時所面對的惡劣條件，博物館的所在地就是一棟以前真正收容那些新移民的公寓建築。www.tenement.org

Katz's Delicatessen

這個著名美食已在此享譽 150 年——問梅格‧萊恩演的 Sally 就知道了！點份煙燻牛肉三明治加一碗猶太丸子湯，口腹之慾將獲得終極撫慰。www.katzsdelicatessen.com

CAFFE REGGIO

119 Macdougal St, New York City, NY;
www.caffereggio.com; +1 212 475 9557

◆ 餐點　　　◆ 咖啡館

◆ 交通便利

1927 年，Caffe Reggio 製造了美國第一杯卡布奇諾，如今那架當時使用的巨型義式濃縮咖啡機依然驕傲地站立著。這家寶石般的義大利咖啡館，幾十年來一直是紐約大學生最愛去的，也是人們午後悠閒享受義式濃縮、提拉米蘇和欣賞來往人潮的好地方，更是義式濃縮迷非去不可的朝聖地。而且就位於格林威治村——紐約市最熱鬧的區域之一，因此更是不能錯過！店裡播著古典樂，骨董珍品到處都是，隨意懸掛在適合深夜約會的隱密角落上方，其中一座古埃及娜芙蒂蒂皇后半身像底下的位置，最適合戀人依偎並飲卡布奇諾。

周邊景點
IFC Center

這是一座獨立的藝術電影院，位置就在 Caffe Reggio 出來的轉角處。在週五與週六的午夜場，這裡會放映非主流電影。
www.ifccenter.com

華盛頓廣場公園（Washington Square Park）

公園位於紐約大學校園中，這個地標以其大理石拱門、噴泉、示威活動和嵌入式象棋桌聞名。

DEVOCIÓN

69 Grand St, Brooklyn, NY;
www.devocion.com; +1 718 285 6180

◆ 餐點　　◆ 烘豆　　◆ 課程
◆ 購物　　◆ 咖啡館　◆ 交通便利

透過由源頭直接輸入咖啡豆的方式，Devoción 將堅持新鮮、品質和透明等的「食物運動」宗旨發揮在咖啡上。這裡採用的主要是哥倫比亞咖啡豆，與信譽良好的咖啡園合作，將新鮮採收的咖啡豆由農場直接送到咖啡館及位於威廉斯堡（Williamsburg）的烘豆廠。選豆、採購、運輸及萃取等，全都在同一家公司的管理下，就產品的「可追溯性」而言，Devoción 是咖啡業界第一家如此運作的。

　　新鮮咖啡豆味道真的不一樣！尤其是以柑橘香及色澤明亮聞名全市的精品「家常配方豆」，更是受到咖啡迷推崇，連曼哈頓最高檔餐廳 Eleven Madison Park（筆者寫這一段時它正好在全球前 50 家最佳餐廳的名單上拔得頭籌）都選用 Devoción 這一款咖啡豆。

　　除了種類繁多的烘焙食物，以及讓你不想再回到老式咖啡豆的各種義式濃縮飲品，Devoción 的咖啡館和烘豆廠也供應由富含抗氧化物但是低咖啡因的咖啡果肉製成的 cascara（咖啡果肉茶），風味絕佳。

周邊景點

布魯克林美食廣場（Smorgasburg）

　　在溫暖的季節，各種各類的飲食攤和小販全都聚集到威廉斯堡水邊，除了提供各種美味的小吃，還構成絕妙的城市景觀。

www.smorgasburg.com

Buttermilk Channel

　　一定要來專門為普羅大眾提供撫慰美食的這家餐廳品嚐早午餐！就座落在布魯克林區最時尚的 Carroll 公園一角。

www.buttermilkchannelnyc.com

Maison Premiere

　　看起來似乎像是地下酒吧，卻瀰漫一股濃濃的悠閒情調，各種講究的雞尾酒和新鮮生蠔，都帶著一種明確的路易斯安那風格。

www.maisonpremiere.com

旋轉木馬（Jane's Carousel）

　　這座位於布魯克林大橋公園濱水區的旋轉木馬，是來自懷舊時光（準確地説，是1920 年代）的歡樂場景，如今已完全修復，是大人小孩都能獲得歡樂的地方。

www.janescarousel.org

© Oleg March

HAPPY BONES

394 Broome St, New York City, NY;
www.happybonesnyc.com; +1 212 673 3754

◆ 餐點　　◆ 購物　　◆ 咖啡館　　◆ 交通便利

當你踏入 Happy Bones，閃過腦海的就是光禿禿三個字。除了櫃台上幾本隨意擺放的設計雜誌，在這麼時髦的蘇活區（SoHo），黑白磚牆極簡到令人震驚、連顧客身上穿的都是紐約經典的各種灰色裝束。但真正叫人吃驚的，是進入這個單一色調的世界後對你身心靈的繽紛震撼，也就是以義式濃縮為基底的各種超濃烈咖啡飲品。

來自紐西蘭的店主，將自己家鄉的咖啡文化與義大利舉世聞名的義式濃縮吧融合在一起：一個由完全相反的背景所結合產生的典型紐約怪獸。點一杯告爾多（cortado）或小白咖啡（flat white），然後看看他們的咖啡師如何發揮其魔力。

周邊景點
新當代藝術博物館
（New Museum of Contemporary Art）

這棟好像幾個白色巨型盒子疊起來的七層樓建築物，看起來既奇特又壯觀。博物館的使命很簡單：「新藝術，新理念。」
www.newmuseum.org

Barbuto

在這家位於西村（West Village）的超受歡迎餐廳裡，名廚 Jonathan Waxman 完美地結合了粗獷的托斯卡那風味與美式撫慰食物。
www.barbutonyc.com

BLUE BOTTLE COFFEE

300 Webster St, Oakland, California;
http://bluebottlecoffee.com; +1 510 653 3394

◆ 餐點　　◆ 烘豆　　◆ 課程
◆ 購物　　◆ 咖啡館　◆ 交通便利

以維也納第一家咖啡館命名的 Blue Bottle Coffee，對咖啡豆的新鮮度特別執著。在第三波咖啡館裡，嚴謹的咖啡師們將拉花藝術與萃取高峰風味所需的精密科學做出了完美的結合。最重要的是，他們希望顧客能欣賞自己所品嚐的東西，而那正是為何每個週末 Blue Bottle 都會在他們位於倉庫的創始店提供免費杯測和萃取課程的原因。學習品鑑、嗅聞並賞味從衣索比亞、祕魯和哥倫比亞等地直接採購而來的單品豆有什麼不同，之後再啜飲神奇的綜合特調。課程結束後還可以到咖啡吧點杯招牌飲品 Gibraltar——裝在玻璃杯內的兩份義式濃縮，加入一點熱牛奶。

周邊景點

傑克倫敦廣場（Jack London Square）

在燦爛的陽光裡融入那些戶外散步的人群，或在奧克蘭的海灣划船後，順道過來喝杯飲料，一邊欣賞夕陽下的海濱景色。
www.jacklondonsquare.com

Old Kan Beer & Co

沿著火車軌道往西來到這家手工啤酒屋，在這裡你可以享受由米其林星級廚師 James Syhabout 所掌杓的高級酒吧餐點。old-kan.com

85

LA COLOMBE COFFEE ROASTERS

1335 Frankford Ave, Fishtown, Philadelphia,
Pennsylvania; www.lacolombe.com; +1 267 479 1600

◆ 餐點　　◆ 烘豆　　◆ 課程
◆ 購物　　◆ 咖啡館　◆ 交通便利

Todd Carmichael 和 JP Iberti 這兩位共同創辦人在 1994 年創立 La Colombe 時，抱持的理念是「美國人值得更好的咖啡」。這個理念自然而然地讓他們的咖啡帝國，從費城擴展到紐約、洛杉磯等大都市。La Colombe 的旗艦咖啡館位於費城 Fishtown 這個時髦又友善的社區，店內挑高、擺設走工業風，員工則審慎採購、烘焙咖啡豆。為了慶祝 La Colombe 成立二十週年，店主在咖啡館後方設置了一個微型蒸餾室，因此這裡有兩種咖啡絕對不能錯過：首先，Different Drum 是 La Colombe 浸了咖啡豆的

手工釀製蘭姆酒；再來就是 Draft Latte，店家會像酒吧供應啤酒一樣，直接把帶有濃密奶泡的冰拿鐵注入杯中。

周邊景點

Jinxed Philadelphia

毗鄰 La Colombe 的這座古董商場，是尋找復古拍立得相機或班傑明‧富蘭克林大橋舊版畫的最佳地點。
www.jinxedphiladelphia.com

Wm Mulherin's Sons

這家餐廳的所在地過去曾是一間愛爾蘭威士忌酒廠的總部，在翻新改造後，成為 Fishtown 美麗的地標，以柴燒披薩和高雅的特調雞尾酒聞名。*www.wmmulherinssons.com*

© Alexander Mansour

COAVA

1015 SE Main St, Portland, Oregon;
www.coavacoffee.com

◆ 餐點　　◆ 烘豆　　◆ 課程
◆ 購物　　◆ 咖啡館　◆ 交通便利

熱愛小批量咖啡的人可能會覺得，儘管 Stumptown 咖啡館的創立初衷很無私，但因為過度炒作已經變得太商業化。所以，熱愛小批量咖啡的人轉而湧入 Coava，位於波特蘭各地的 Coava 分店，地點都設在經過改造的廢棄工業空間。

2017 年，Coava 找了一個為其量身打造的地點，將中央烘豆設施與總部結合，並且每天 13:00（週日除外）準時舉辦公開的杯測活動；Coava 傳遞給顧客的訊息是，他們會將咖啡帶到新的層次，甚至帶來新一波的浪潮。因為大家愈來愈重視咖啡豆採購與烘焙的公開透明，這家公司另外讓人津津樂道的是他們深信必須深入了解每個合作的咖啡農場，才能真正實踐單一產地的信念。店裡每一杯咖啡的濃郁香氣，都證明 Coava 過去十年來費盡心力分析各種咖啡豆的用心絕非白費功夫。

不管你最後決定要去哪家分店品嚐咖啡，都可以喝到至少兩種手沖咖啡跟義式濃縮。品嚐咖啡時，別忘了要搭配美國西部最棒甜點店 Little T American Baker 的糕點。

周邊景點

Salt & Straw

這家知名的冰店以混合奇怪的口味聞名（有人想試試骨髓口味的冰淇淋嗎？），不過現在店前大排長龍的人潮，大部分還是想吃比較傳統的冰品。www.saltandstraw.com

Langbaan

這間藏身在另一家餐館內的超隱密餐廳，供應各種高水準泰式料理，讓人眼花撩亂，會讓你對東南亞風味有全新的感受。www.langbaanpdx.com

Cargo

成千上萬個從摩洛哥到印度收集而來的小東西，全部集合在這個跟停機棚一樣大的空間，但這些進口商品的價格卻不昂貴。www.cargoinc.com

Kachka

如果真的有所謂的「俄羅斯風潮」，Kachka 一定是最佳代言餐廳，因為它意圖要復興蘇聯時代的經典料理。別忘了搭配伏特加！www.kachkapdx.com

STUMPTOWN

4525 SE Division St, Portland, Oregon;
www.stumptowncoffee.com; +1 855 711 3385

◆ 餐點　　◆ 烘豆　　　◆ 課程
◆ 購物　　◆ 咖啡館　　◆ 交通便利

　　要怎麼做才能比星巴克更像星巴克？在數十億商機的咖啡產業，若能找出這個問題的答案就能大發利市。Stumptown 的創辦人試圖這麼做，而他們也確實做到了。

　　Stumptown 跟其他幾家美國烘豆坊合力將第三波咖啡浪潮推進美國人的共同意識，沒事就愛泡在咖啡館的人終於有機會了解，除了怎麼煮咖啡、加牛奶，咖啡豆背後還有很多複雜的細節。時至今日，即使 Stumptown 已成為傳奇品牌並致力於推動不斷演變的咖啡哲學，把咖啡當成葡萄酒在研究的態度仍然沒變。

　　如今 Stumptown 已成為現代美國咖啡的重要支柱，同時也在波特蘭以外的幾個城市開設分店，還有一間位於機場內，所以可以一下飛機就立刻品嚐一下。咖啡愛好者在波特蘭各地都可以買到咖啡，但真正想追根究柢的應該到 Stumptown 由木材工廠改造而成的總店，花一小時享受讓你大開眼界的咖啡體驗。右上照片中的則是創始店，1999 年創辦人 Duane Sorenson 在舊美髮沙龍中開了第一家 Stumptown。

　　不管你是特別跑到總店，或只是在分店買杯義式濃縮，Stumptown 的員工都受過專業訓練，可以讓顧客了解為了創造出五花八門的風味，咖啡的產地跟烘焙方式也是五花八門。

周邊景點

Powell's City of Books

　　這家頂級獨立書店占了一整個街區（另外還有幾家分店），店內擺滿各種想得到跟想不到的新書舊書，還有一家很不賴的咖啡館。*www.powells.com*

Voodoo Doughnut

　　說到要發明獨一無二的口味，這家甜品店可說是努力超越極限。我們最愛的一款會裹上孩子也可安心食用的玉米脆片。*www.voodoodoughnut.com*

波特蘭日本花園（Portland Japanese Garden）

　　走在松樹林間，看看遠從日本進口的佛塔，享受一點禪意，也能理解為何大家認為這裡是日本境外最棒的日本園林。*www.japanesegarden.org*

Bible Club

　　這家雞尾酒吧位於波特蘭南部郊區一棟不太起眼的房子。店內擺設以美國「禁酒時期」為主題，並使用當時的古董家具跟餐具，提供超棒的酒精飲料。*www.bibleclubpdx.com*

PHILZ COFFEE

3101 24th St, San Francisco, California;
www.philzcoffee.com; +1 415 875 9370

◆ 餐點　　◆ 購物
◆ 咖啡館　◆ 交通便利

「專注烹煮每一杯咖啡」是 Philz Coffee 的格言。在灣區之外的地方，知道 Philz Coffee 的人其實不多，但在灣區有一群死忠愛好者熱愛這裡的咖啡。創辦人 Phil Jaber 最初是在舊金山教會區（Mission District）開了一間小超市；因為不希望後人提到他的時候只記得他賣香煙跟簡便食品，開始努力想煮出最美味的咖啡。在拜訪了數千家咖啡館、喝了好幾加崙的咖啡，還花了七年創造出自己的特調咖啡豆之後，Phil Jaber 現在可以很驕傲地說他跟擔任執行長的兒子 Jacob 一起經營 Philz Coffee，為當地死忠愛好者供應美味咖啡。Phil 認為自己經營的是服務人群的事業，而不單純只是賣咖啡。每家分店都以顧客為先，所以在櫃台服務的每位員工都有自己的手沖咖啡台。手工烹煮每杯咖啡的同時，店員與顧客之間創造出親密的咖啡體驗。

位於教會區的這家旗艦店有大大的窗戶，室內擺設色彩鮮豔，座位又很多，讓你可以放鬆好好享受熱愛的飲料。我最喜歡哪個口味？Ambrosia，亦即「神的咖啡」，不過冰鎮薄荷特調（Iced Mint Mojito）是目前最受歡迎的飲料。在舊金山，若天氣晴朗，那真的沒什麼可以比得上一杯新鮮薄荷搭配 Philz 冰咖啡。

周邊景點

Balmy Alley

這條歷史街區的巷子，牆上永遠有隨時會變動的塗鴉壁畫。藝術家在這裡針對多元主題用各種不同的風格進行創作，從人權到當地中產階級化及天然災害等。*balmyalley.com*

Urban Putt

這裡是舊金山第一家也是唯一的一家室內迷你高爾夫球場，有精心製作的 14 洞，完整的酒吧和餐廳，供應美式美食。*urbanputt.com*

Humphry Slocombe

在這家以英國情境喜劇人物命名的創新冰淇淋店中，找找新潮的冰淇淋口味，例如：南瓜榛子（Pumpkin Hazelnut）、藍瓶越南咖啡（Blue Bottle Vietnamese Coffee）跟胖版貓王〔Elvis（the Fat Years）〕。*www.humphryslocombe.com*

Southern Exposure

這個另類的藝術空間有不同展覽輪替，包括值得一看的巨大金蛋桑拿浴和陶瓷瀑布，尤其是在年度現場繪圖大會。*www.soex.org*

RITUAL ROASTERS

1026 Valencia Street, San Francisco, California;
www.ritualroasters.com; +1 415 641 1011

◆ 餐點　　◆ 課程　　◆ 購物
◆ 咖啡館　◆ 交通便利

Ritual Roasters 經常被公認為是將第三波咖啡浪潮帶到灣區的首批企業之一；這家成立於 2005 年的咖啡烘焙坊，至今仍是舊金山市眾多咖啡愛好者的最愛。位於 Valencia 街上美到冒泡的旗艦店，南邊漆成白色的牆面掛著當地藝術品，淺色木地板延伸到北邊牆面，把大家的視線拉到有稜有角的深色石材吧台後、凝聚在烹調咖啡的咖啡師身上；而吧台區便沐浴在咖啡館前面的大窗戶及天花板灑落的光線裡。

Ritual Roasters 六家分店中，有幾家有特製咖啡。如果不介意來點小小的冒險，可以到位於 Flora Grubb Gardens 的分店，隱身在宛若叢林的苗圃中，招牌口味是令人耳目一新的 Cherry Bomb：混合了酒漬櫻桃糖漿、奎寧水跟冷萃咖啡，喝起來很像輕調酒，以一點甜味讓豐富的柑橘和香草味更為滑順。

無論你選擇到哪家分店，都一定要嘗試店內不斷變動的季節性濃縮咖啡——精心挑選、當季最令人興奮的特調配方，加上醒目的本地藝術和厚臉皮的標題。我試過 Acid Test 這款讓人著迷的咖啡，以濃郁的巧克力奶香搭配新鮮葡萄柚味，這是 Ritual Roasters 慶祝社會運動「Summer of Love」50 週年的致敬作品。

周邊景點

826 Valencia

到舊金山唯一的獨立海盜用品店，買一隻新手鉤或一副望遠鏡吧。在這裡買東西可以支持店家舉辦的免費創意寫作課。

The Chapel

等到晚上再拜訪這個從太平間改裝而成的華麗音樂表演廳，站在 40 英呎高的拱形天花板下欣賞音樂表演。www.thechapelsf.com

教會區多洛瑞斯公園（Mission Dolores Park）

沒霧的天氣，當地人都喜歡待在這座 16 英畝的「無痕（Leave no trace）」環保公園，所以隨時可以看到形形色色的人。sfrecpark.org

Bar Tartine

這家店提供舊金山公認最棒的烘焙食品，加入排隊人潮耐心排隊，再到店裡挑選一些無與倫比的點心。www.bartartine.com

SIGHTGLASS COFFEE

270 7th St, San Francisco, California;
sightglasscoffee.com; +1 415 861 1313

◆ 餐點　　◆ 烘豆　　◆ 課程
◆ 購物　　◆ 咖啡館　◆ 交通便利

到 Sightglass Coffee 買咖啡，跟你平常隨便買杯咖啡補充咖啡因可是完全不同的體驗！在排隊等候的時候，你周遭的景象、香氣與聲音，都會讓你不由自主地受到刺激，更加期待這升級的咖啡體驗。Jerad 跟 Justin Morrison 兄弟在 2009 年開設了這家旗艦店，店內擺放了 Sightglass Coffee 最重要的機器：鑄鐵咖啡烘豆機。坐在店內，你會看到從烘豆到咖啡上桌的完整流程。不管是想來杯一流的義式濃縮、濾煮式咖啡或只是一杯「quick cup」（批量沖煮），Sightglass 都可提供單品豆或配方豆選項。Sightglass 還跟太平洋西北地區知名的冰淇淋店 Salt & Straw 合作，在店內設置阿芙佳朵（affogato）冰淇淋吧，另外也提供 Sparkling Cascara Shrub，這是一種用咖啡果肉乾製作的飲料。

　南區是個充滿活力的社區，到處都是工廠建築、夜店跟工業風公寓，自然而然地成為城內科技新創公司的重心地帶，也使這個區域成為很值得探索的地方，尤其這裡還有很多博物館、知名的餐廳、酒吧、音樂表演場館以及在東邊的 AT&T 公園棒球場，也就是舊金山巨人隊的主場。你不感興趣？Sightglass 在城內有另外三家分店，而且灣區各地都有知名餐廳使用他們家的咖啡豆。

周邊景點
舊金山現代藝術博物館
（San Francisco Museum of Modern Art）

　同一街區還有其他幾個值得一探的知名博物館──包括非裔移民博物館、當代猶太藝術博物館跟芳草地藝術中心。
www.sfmoma.org

Slim's

　這裡在舊金山算是空間比較小的表演場地，有各種現場音樂表演會在這裡舉辦，從藍調到電子音樂、獨立搖滾到鄉村搖滾，節目很豐富。*www.slimspresents.com*

Una Pizza Napoletana

　在這家用舊車庫改造而成的披薩店，100% 的柴燒手工拿坡里披薩往往一出爐就秒殺。若大門關起來，就表示麵糰用完了，所以動作要快。*www.unapizza.com*

City Beer Store

　店內有數百種不同的瓶裝精釀啤酒，時常更換酒單。外帶也有不錯的選擇，包括一種六款啤酒的套裝組合。*citybeerstore.com*

WRECKING BALL COFFEE ROASTERS

2271 Union St, San Francisco, California;
www.wreckingballcoffee.com; +1 415 638-9227

◆ 餐點　　◆ 烘豆
◆ 咖啡館　◆ 交通便利

這家店由夫妻檔 Trish Rothgeb 及 Nicholas Cho 共同經營。Trish 是在咖啡界已經累積三十年經驗的老鳥，也是美國咖啡師公會創辦人；Nicholas Cho 則是國際咖啡講師，曾經創辦備受推崇但現已停業的 Murky Coffee。依據 Cho 的說法，Wrecking Ball 設置於 Union Street 的這家店代表「進化後的咖啡體驗」。聽起來或許有點誇張，但到店裡看看內部擺設，就會知道他們是真的想實現承諾；內部裝潢會讓人聯想到《2001：太空漫遊》電影中太空船——簡潔、現代、實用又溫馨。

店家強調在烘豆時要帶出原有的風味。來自特定區域的咖啡通常會有該地的特殊風味，與其為了求新求變而失去原本風味，還不如設法突顯，畢竟這才是讓好咖啡廣受歡迎的主因。

Cho 形容店內最受歡迎的咖啡冰卡布奇諾，會讓人有「稍縱即逝、曇花一現」的感覺，而且「人間難得幾回嚐」。我點了以後原本想說難道會出現尼斯湖水怪，但這杯飲料稍縱即逝的特性，其實是跟溫度有關，跟怪物倒沒什麼關係。店家建議飲料一上桌就馬上喝——在奶味十足的冰咖啡上，是一層又燙又滑順的熱牛奶；入口的感覺很像從溫泉池出來後立刻泡進冷水池，雖然效果只維持一兩分鐘，但滑順濃郁的風味讓人久久無法忘懷。

周邊景點

八角屋（McElroy Octagon House）

這棟奇特的八角建築是 150 年前短暫流行的建築趨勢所留下的產物。先到建築內部的博物館參觀一下，再到戶外用心維護的花園逛逛。*nscda-ca.org/octagonhouse*

Gamine

深受當地民眾喜歡，且風味道地的法國餐廳，供應早午餐、午餐跟晚餐。推薦蝸牛或鐵板牛排。*gaminesf.com*

Blackwood

到這家時髦的餐廳品嚐混合了泰式跟美式的料理。早午餐時間供應餐廳的招牌菜：煙燻甜味百萬富翁培根（Millionaire's Bacon）。*blackwoodsf.com*

梅森堡中心（Fort Mason Center）

二戰時期的船塢與登船點，現在變身成為大型文化中心與聚會場所，同時提供餐點。*www.fortmason.org*

VICTROLA COFFEE

310 E Pike St, Seattle, Washington;
www.victrolacoffee.com; +1 206 624 1725

◆ 餐點　　◆ 烘豆　　◆ 課程
◆ 購物　　◆ 咖啡館　◆ 交通便利

西雅圖的 Victrola 咖啡就像你最愛樂團的珍稀黑膠唱片，只有少少的三家分店，但每一家都值得你大老遠跑去朝聖。更棒的是，有兩家分店位於城內最時尚的 Capitol Hill 附近。

位於 East Pike Street 的分店是 Victrola 咖啡在 2007 年開的第一家分店；這家店的所在位置原先是汽車展示中心，有大大的觀景窗跟流線型的內部大空間，Victrola 咖啡很有技巧地把這家分店開在公司的烘豆坊旁，裡面有滿滿的咖啡豆袋跟亮晶晶的烘豆機，讓人彷彿看到科學實驗室，裡面還有戴著耳機的大鬍子實驗室人員，手上拿著夾板。如果這樣你還不想一探究竟，那週三早晨的杯測活動應該會讓你忍不住要來一趟：可以嗅聞、啜飲、品味盧安達與蒲隆地等國來的單品咖啡，同時了解這些咖啡是因為哪些細微的元素才能這麼美味。

跟半個街區外，因為星巴克臻選烘焙工坊而吸引大批觀光客的地區相比，Victoria 咖啡店內的氣氛安靜、充滿書香氣息，又有當地特色，適合在杯測活動後留下來放鬆心情。牆上通常掛著很不錯的藝術作品，建議點一份水果馬芬蛋糕跟一瓶 Victrola 新推出、超酷的 Lake Party 冷萃咖啡，坐下來好好欣賞這些作品。

周邊景點

Optimism Brewing Co

喝完精品咖啡，改嚐嚐精釀啤酒。這家空間寬敞、適合家庭聚會的酒吧裡有超大的釀造桶，店內充滿啤酒花的香氣。
www.optimismbrewing.com

艾略特灣圖書公司（Elliott Bay Book Company）

這裡是西雅圖最棒的獨立書店，店內寬敞、藏書豐富，再加上舒適的座椅跟咖啡廳，讓人總想再多待一會。www.elliottbaybook.com

Wall of Sound

在這家小小的唱片行，店員個個是專家，還有很多其他地方很難找到的小眾唱片作品。www.wosound.com

Lost Lake Cafe & Lounge

這家餐廳的裝潢設計是以美劇《雙峰（Twin Peaks）》為主題，咖啡超級讚！如果夠幸運的話，還可以吃到美味櫻桃派。
www.lostlakecafe.com

ZEITGEIST COFFEE

171 S Jackson St, Seattle, Washington;
www.zeitgeistcoffee.com; +1 206 583 0497

◆ 餐點　　　◆ 購物
◆ 咖啡館　　◆ 交通便利

© Charles Redding

在西雅圖這個獨立咖啡店的發源地，Zeitgeist Coffee 可説是市區最棒的。除了供應西雅圖最順口的咖啡，Zeitgeist 也有超誘人的烘焙甜點；店內走時尚工業風，未經裝飾的磚牆與明亮大玻璃窗，讓坐在店內的顧客可以觀察店外歷史悠久的拓荒者廣場（Pioneer Square）周遭，窮人富人來來往往的景象。並非 Zeitgeist 特別重視時尚，其實二十多年前開業時就是走淘金年代風格，比如今刻意跟著風潮蓄鬍、刺青的 21 世紀文青更早。

Zeitgeist 的持久魅力來自其基因。這家店的創辦人過去可曾經創辦西雅圖最受歡迎的幾個品牌，包括目前在全國有 18 家分店的 Top Pot Doughnuts（甜甜圈），以及西雅圖最早的小型烈酒釀造廠 Sun Liquor。不過或許 Zeitgeist 最棒的一點是：目前沒有其他分店，這家店獨一無二。

Zeitgeist 沒有在現場烘焙咖啡豆。而是向當地一家可靠的烘豆廠購買，再由咖啡師將咖啡豆研磨好，煮成一杯杯美味的咖啡。店內環境也品味非凡，咖啡館猶如一間藝廊，拓荒者廣場每個月一次的藝術漫遊（Art Walk）也都會吸引大批訪客來到咖啡館內。想要充分體會 Zeitgeist 的美好之處，就點一杯雙份瑪奇朵（doppio macchiato），搭配一份甜杏仁可頌麵包。

周邊景點
克朗代克淘金熱國家歷史園區
（Klondike Gold Rush National Historical Park）

早在文青開始趕流行蓄鬍前，園區內的街道就有很多留著落腮鬍的人，不過我説的是 1898 年淘金熱時期的淘金客。這間博物館記錄了當時的情況。*www.nps.gov/klse*

史密斯塔（Smith Tower）

這裡曾經是西雅圖最高的大樓，如今在櫛比鱗次的高樓大廈中顯得嬌小，不過這座 1914 年的古董高塔仍然是美輪美奐的建築作品，最近在重新裝修後再度對外開放。*www.smithtower.com*

西方廣場（Occidental Square）

迷人的紅磚廣場，牆上爬滿長春藤，廣場上還有食品小販、人物雕像跟各種開放民眾小試身手的遊戲，例如丟沙包跟桌球。

世紀互聯體育場（CenturyLink Field）

這座規模龐大的體育館冬季會有美式足球賽，夏季則有英式足球賽。此地球迷的熱情聞名全國。*www.centurylinkfield.com*

ONYX COFFEE LAB

7058 W Sunset Ave, Springdale, Arizona;
onyxcoffeelab.com; +1 479 419 5739

◆ 餐點　　◆ 購物　　◆ 咖啡館

Onyx Coffee Lab 重視「從種子到杯子」的箴言，並且講究科學萃取，在在印證這家咖啡館遵循第三波咖啡浪潮的精神。創辦人夫妻檔 Jon 與 Andrea Allen 創造出這個區域最淡的咖啡，也因此聞名；他們只烘焙少量生豆，用心保留咖啡微妙的原味，而不是以烘焙提出咖啡濃厚的香味。位於斯普林代爾的老店提供虹吸式咖啡、京都風格的冷萃架，交誼廳跟得來速咖啡櫃台，所以天氣熱到不想下車也可以來買咖啡。店內也提供咖啡雞尾酒，例如抹茶黑咖啡

（Matcha Dark）跟 Stormy，不過大部分的顧客來到店內，還是比較喜歡點一杯經典拿鐵坐在由廢棄物翻修的木桌旁邊好好品嚐。

周邊景點
Tontitown Winery 釀酒廠

這家義式家族釀酒廠每天都有免費品酒活動，週五、週六也會在戶外平台舉辦現場音樂會。tontitownwinery.com

湖畔散步

在 Onyx Coffee Lab 後方有一條風景宜人的步道。喝完咖啡後，或買杯外帶咖啡，恰好可以沿著湖畔散散步。

KALADI BROTHERS

315 South Kobuk St, Soldotna, Alaska;
kaladi.com; +1 907 262 5980

◆ 餐點　　◆ 購物　　◆ 咖啡館

這家阿拉斯加的經典咖啡館原本只是夏季才會出現在安克拉治的咖啡車。雖然店名叫「brothers」，但其實創辦人並不是兄弟；不過這家公司旗下的每家咖啡館確實都讓人有回到家的感覺。此外，咖啡館烹煮的方式遵循傳統，並沒有刻意追求第三波咖啡浪潮。位於 South Kobuk St 的咖啡館深受當地人喜愛，天花板上兼容並蓄地放置了許多藝術作品，包括受到 Kaladi 啟發，重新演釋米開朗基羅的《創世紀》、安迪·沃荷的《康寶湯罐頭》與海綿寶寶。除了每個月

定期舉辦的藝術展，週末晚上還有音樂會，跟店內準備的冷萃咖啡可謂絕配，而且活動結束還可以讓你買一大壺回家。

周邊景點
索爾多特納溪公園（Soldotna Creek Park）

公園內有讓人不禁屏息的阿拉斯加自然美景，以及兒童遊樂區。同時全年都有適合所有人的活動跟現場音樂表演。

Bridge Lounge

這家時尚酒吧正對柯乃河（Kenai River），到露台上找個位置，生起壁爐的火，在星空下好好享受。
www.facebook.com/bridgelounge1

PRESTA

2502 N 1st Ave, Tucson, Arizona;

www.prestacoffee.com; +1 520 333 7146

◆ 烘豆　　◆ 購物

◆ 咖啡館　◆ 交通便利

很難相信 Presta 在 2012 年創業時，只是一輛停在土桑聖瑪莉醫院（St Mary's Hospital）外面的小小行動咖啡車（當時名為 Stella Java）。一踏進這家咖啡館時髦、極簡風的工業建築內，就會立刻感受到老闆 Curtis Zimmerman 有多麼熱愛自行車。店內空間寬敞、牆上掛滿競技自行車，不過要進入店裡，得先走過一條步道，步道兩旁是沒什麼特色的岩石牆跟幾棵沙漠植物；跟 1st Ave（第一大道）的繁華熱鬧相比，這家店刻意以低調迎接客人。注意找找看跟三明治差不多大的招牌，才知道已經到店門口了。

Presta 在 2014 年尾開始自己烘豆，2015 年才搬到現址。（2016 年尾 Presta 在 Mercado San Agustin 開的第一家分店比較接近咖啡館，而不是烘豆房，店內也提供精釀啤酒跟葡萄酒）到正對露台的共享餐桌找個位子，聞聞藍色的 Joper 烘豆機散發出來的香氣，聽著唱機播放的音樂和蒸汽的嘶嘶聲交互應和。你可能會想試試氮氣冷萃咖啡，不過拿鐵反而可以讓你真正體會店員烹煮咖啡的手藝，同時欣賞用來裝盛咖啡的手工製質樸木杯。

周邊景點

The Grill, Hacienda del Sol

到這家氣氛浪漫的餐廳，你就會了解為什麼聯合國教科文組織會認為土桑是第一個世界美食之都。以前演員史賓賽·崔西（Spencer Tracy）跟女演員凱薩琳·赫本（Katharine Houghton Hepburn）常常躲來這裡。www.haciendadelsol.com

巨人柱國家公園（Saguaro National Park）

如果你兒時看過嗶嗶鳥跟威利狼的動畫，就會覺得這個幅員遼闊的公園有點熟悉。這裡的日落尤其超凡脫俗。www.nps.gov/sagu

聖薩維爾教堂（Mission San Xavier del Bac）

這棟教堂常被稱為「沙漠中的白鴿」，融合了摩爾、拜占庭跟墨西哥文藝復興時期的建築風格，豎立在一片荒原中，看起來特別顯眼（右頁圖）。

El Guero Canelo

離開土桑前一定要到店裡試試知名的索諾蘭熱狗（Sonoran Hot Dog），不然就白來了！土桑有四家 El Guero Canelo 的分店，趕快找一家瞧瞧。www.elguerocanelo.com

ESPRESSO MARTINI（英國）

濃縮咖啡馬丁尼是經典當代之作。1980年代，倫敦酒保 Dick Bradsell 應某名模指定要喝「讓我清醒讓我醉」的飲料，於是發明了這杯「咖啡調酒之后」。

材料：伏特加60ml、新鮮義式濃縮35ml、咖啡利口酒30ml、糖漿10ml、少許咖啡豆（裝飾用）

做法：將所有材料和冰塊用力搖盪均勻，濾掉冰塊倒入冰鎮過的馬丁尼杯，最後放上幾顆咖啡豆點綴。

不管你喜歡冷、熱、大杯或小杯的咖啡，既是咖啡又是酒的咖啡雞尾酒，是補充咖啡因的好藉口。有些可見於歷史書籍，有些則屬於創新嘗試，無論如何它們都有各自的故事。

CAFFEINATED
咖啡雞尾酒

CAFÉ BRULOT DIABOLIQUE（美國）

火焰雞尾酒又名「魔鬼燒咖啡」，是美國紐奧良 Arnaud's 餐酒館在禁酒令期間用來暗渡酒精飲料的妙招。

材料：肉桂棒2支、完整丁香10顆、檸檬皮1顆、柳橙1個切成4等份、糖3大匙、白蘭地90ml、咖啡750ml

做法：以小火煨煮肉桂、丁香、檸檬皮、柳橙、糖、白蘭地，沸騰前倒入碗中端上桌。在客人面前小心點火後，慢慢攪拌直到火焰熄滅，再倒入咖啡繼續攪拌，最後倒入小杯或義式濃縮杯享用。

WHITE RUSSIAN（比利時）

　　白色俄羅斯是加了鮮奶油的 Black Russian，1949 年由比利時一位酒吧服務生發明。這款雞尾酒唯一能跟「俄羅斯」扯上邊的是可以隨意使用伏特加，1998 年另類電影《謀殺綠腳趾》（The Big Lebowski）讓這款調酒一戰成名。以下酒譜與劇中人物督爺（the Dude）的做法不同，使用的是新鮮咖啡和咖啡酒。

材料：冰塊、伏特加 60ml、咖啡利口酒（Kahlua 或其他牌也可以）60ml、冷咖啡 180ml、咖啡專用鮮奶油（single cream）180ml

做法：先在平底杯中放滿冰塊，倒入伏特加、利口酒、咖啡後充分攪拌，接著慢慢加入鮮奶油就大功告成。

COCKTAILS

MARIA THERESIA（奧地利）

　　這是維也納特有的咖啡調酒，紀念瑪麗・安東尼（Marie Antoinette）的母親——哈布斯堡王朝（Habsburg Dynasty）唯一女性君主瑪麗亞・德雷莎女王，或許是為了感念她鼓勵製造 schnapps 蒸餾酒為政府創造稅收。

材料：柑橘利口酒 1 大匙、糖 1 大匙、咖啡 250ml、打發鮮奶油、橘皮 1 顆（刨成細絲裝飾用）、黑巧克力碎片（裝飾用）

做法：在咖啡杯或玻璃杯內倒入滾水溫杯，兩分鐘後倒掉熱水。加入利口酒和糖，攪拌至糖溶解，再慢慢拌入咖啡、加入奶油，最後以橘皮絲和巧克力裝飾。

KAFFEPUNCH（丹麥）

　　咖啡潘趣酒源於丹麥外海的 Fano 小島，丹麥人會在過節時喝這種飲料提神。名字中的 punch 有雙關含意，除了指盛酒用的 punch 杯，也暗示它酒勁十足，喝太多小心像被用拳猛擊（punch）！

材料：咖啡 500ml、schnapps 蒸餾酒（份量視個人喜好）、糖 2 大匙、橘皮 1 顆

做法：先在杯內放入一個銅板，慢慢倒入咖啡，直到看不見銅板為止。接著，倒入 schnapps 蒸餾酒，直到銅板清晰可見。或者將糖拌入熱咖啡，攪拌直到溶解，最後加上 schnapps 蒸餾酒和橘皮。

亞洲

AS

TOP 3 Coffee TOWNS
咖啡城市

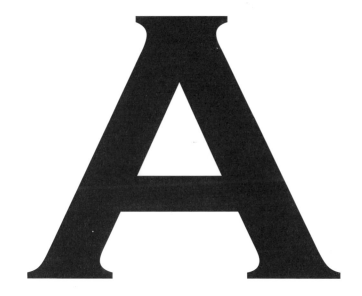

東京 TOKYO

日本不斷吸納新趨勢，就連咖啡也不例外。想看看第三波風格咖啡店擴張最劇烈的城市，首都東京值得一探。務必造訪傳統喫茶店（kissaten），你的咖啡見聞錄才算完整。

清邁 CHIANG MAI

位於泰國北部的清邁是寺廟之城，咖啡館到處林立，許多咖啡店因地利之便，供應產區距咖啡館只有一兩個小時路程的單品咖啡。這裡的好音樂、美食和市井生活會讓咖啡遊客樂翻天。

怡保 IPOH

怡保招牌白咖啡是出了名的熱、甜，嚐起來帶有奶油質地，白咖啡還帶動馬來西亞的咖啡館產業。說到最正宗的白咖啡，新源隆白咖啡（Sin Yoon Loong）因遵循傳統配方而受到喜愛。

印尼

如何用當地語言點咖啡？ *Boleh minta kopi satu*

最有特色的咖啡？ Kopi Tubruk——咖啡細粉直接與熱水混合，通常糖是自動加好的。

該點什麼配咖啡？ 甜而黏稠的彩色千層糕（kue lapis rice cake），如椰絲球（klepon）——綠色飯糰，內餡是液態椰糖，外頭裹著椰子絲。

貼心提醒：為了防止蒼蠅蟲子掉進咖啡裡，咖啡上桌時通常都有蓋子。

「爪哇」一詞已是所有咖啡的泛稱，但鮮少人知道，這個位於赤道的遼闊群島——爪哇島——對咖啡（印尼語為 kopi）的重要性。印尼是除了衣索比亞和阿拉伯外，率先開始種植咖啡的地方，最早是 19 世紀初由荷蘭殖民政府引入。時至今日，爪哇已是全球第四大咖啡產地，擁有面積百萬平方公里以上的咖啡園和有機小農場，區域涵蓋爪哇島、蘇門答臘（Sumatra）、巴布亞（Papua）、佛羅烈斯島（Flores）、蘇拉威西（Sulawesi）。

不同島嶼生產的咖啡豆有什麼特殊屬性，世界各地的咖啡師都能如數家珍，例如帶有堅果味和溫和嗆味的蘇拉威西島豆、濃烈有可可和菸草味的蘇門答臘豆，還有稀有的陳年爪哇（Old Java，以至少存放五年的咖啡豆製成），但這些行家等級的咖啡通常是直接外銷。

多數當地人還是愛在街上隨處可見的昏暗咖啡館（Warung Kopi）啜飲一小杯甜甜的泥巴咖啡（Tubruk），但隨著第三波咖啡師主導的精品咖啡吧在各大城市現蹤，印尼本地產的特有品種終於受到注意。而被炒作成為全世界最貴、最頂級的麝香貓咖啡（Kopi Luwak），其特有的泥土味及滑順口感，是咖啡漿果經過椰子貓消化系統後的產物。如果這些嗜吃咖啡漿果的椰子貓是在野外自然生活，當然沒什麼問題，問題就是，牠們現在多被豢養在惡劣環境中或以觀光之名被剝削。印尼其實有很多上等咖啡，不一定要喝有爭議的麝香貓咖啡。

SENIMAN COFFEE STUDIO

5 Jalan Sriwedari, Ubud, Bali;

www.senimancoffee.com; +62 361 972 085

◆ 餐點　　◆ 烘豆　　◆ 課程
◆ 購物　　◆ 咖啡館　◆ 交通便利

峇里島的文化之都烏布（Ubud）是島上美食和咖啡重鎮。提到「精品咖啡」（craft coffee），位於烏布皇宮（Ubud Palace）後的這家咖啡館包辦了從「種子」到「杯子」的整個過程。店裡散發著波西米亞風，活潑的咖啡師為好奇的觀光客、本地人、旅居本地的外國人沖煮義式濃縮咖啡，咖啡業界人士、酒吧工作者和餐廳廚師也會聚在這兒消磨時間。對街的冷萃咖啡吧是舉辦沖煮和杯測工作坊的場地，而 Diedrich 烘豆機是峇里島本地人 I Kadek Edi 的責任範圍，他把過去從事木雕工作的創意帶進了烘豆。

Seniman 因推廣印尼群島各島的咖啡莊園而出名，特別是產於峇里島的咖啡。咖啡館最酷的地方是，人人在這裡都能感覺賓至如歸；不管是特地前來品嚐 Bali Karana Kintamani 高原精品咖啡的鑑賞家、熱愛印尼雞湯和烤布蕾加義式濃縮的小吃控，或是會點義式濃縮馬丁尼的調酒客。買一把回收再製的柚木搖椅、逛一下近期藝展，探索這家放滿回收玻璃器皿和咖啡托盤的可愛咖啡館，這裡有免費 wi-fi 和雜誌，不小心就可以混上半天。務必要試試 Ice Black──這是混合了 Sumatra Gayo、Bali Pulp Natural、Fully Washed 的配方豆，用冷水和冰塊經過 8 到 10 小時的冰滴精華！

周邊景點

魯基桑美術館（Museum PuriLukisan）

美術館位於烏布主要街道，是島上歷史最悠久的博物館，展示傳統和現代峇里島繪畫，還有綠意盎然的花園和荷花池。

烏布皇宮（Ubud Royal Palace）

烏布皇宮是烏布統治者的官邸，其對外開放的戶外空間和寺廟是演出峇里島舞蹈和民族音樂甘美朗（gamelan）的絕佳場地。

烏布市場（Ubud Market）

9:00 前，市場裡有活生生的雞、充滿異國情調的水果香料、小吃攤位。9:00 以後則是旅遊紀念品的攤子登場。

John Hardy 烏布工作室

參觀免費，但必須事前預約。園區裡有竹子和土磚搭蓋的房子，這裡是本地工匠設計和製作精緻珠寶的地方。

www.johnhardy.com/bali-boutique

日本

如何用當地語言點咖啡？ Kōhī o kudasai
最有特色的咖啡？ 手沖咖啡。
該點什麼配咖啡？ 烤土司。
貼心提醒： 務必發揮耐心。在日本，手沖咖啡是
講究精準、需要等待的過程。

在日本，「第一波咖啡浪潮」指的最
可能是喫茶店。「喫茶店」一詞在外
文「cafe」成為日文流行詞彙前就是「咖
啡店」的意思。喫茶店最早出現在 20 世紀
初，充滿異國情調並予人風花雪月的遐想。
現在，「喫茶店」指的是不同於大型連鎖咖
啡店，具獨特美感和品味的咖啡館。

喫茶店的裝潢可能會帶有裝飾藝術或
1950 年代風格，且常會反映店家的歷史。
喫茶店使用精準手沖（有時用虹吸壺），一
次沖煮一杯咖啡。特調咖啡（ブレンドコーヒ
ー）用的可能是深焙豆，裝在小巧精緻的咖
啡杯內，連同碟子、小湯匙和袖珍奶壺一起
上桌，客人可隨意將咖啡調成完美焦糖色。

喫茶店基本配備還有「早餐套餐」，內
容通常是一顆水煮蛋、一片鬆軟的厚片烤吐
司和一杯咖啡，價格就跟非早餐時間單點一
杯咖啡的費用差不多，這在日本是很划算的
餐點。早餐套餐從早上店門開就一直供應到
11:00。

但喫茶店的存在從來就不只是食物和飲
料。喫茶店是個人經營，且會有「老闆」
或「媽媽」（店主會被這樣稱呼）這樣的角
色。在日本，開咖啡店是表達自我的方式，

也是許多人的夢想。成功的美國加州 Blue
Bottle Coffee 創始人 James Freeman 就常說
日本喫茶店對他有很大影響。

第三波咖啡浪潮在日本受到熱情迴響。現
在，幾乎每個城市都有獨立烘豆商，通常都
是小店面，而且烘豆機就占了店面的 1/3。
許多烘豆師和咖啡師到東京見習後回到家
鄉，過著散步咖啡福音的生活。

第二波在日本也很成功，全日本有 1200
家以上的星巴克，本地的連鎖品牌也有五、
六家，而且到處可見，如羅多倫（Doutor）。
市區多數住家的空間狹小，幾乎沒有什麼隱

TOP 5
咖啡推薦

- **Bear Pond Espresso**：Flower Child
- **Glitch Coffee & Roasters**：
  Ethiopia Alaka Washed
- **丸山咖啡（Maruyama Coffee）**：
  Geisha Blend for Iced Coffee
- **森彥（Morihico）**：No 1
- **琥珀咖啡（Cafe de L'Ambre）**：House Blend

話咖啡：鈴木清和 KIYOKAZU SUZUKI

有新的一群人正在崛起，
他們發掘生豆的可能，
親身到咖啡園裡一探究竟。

私空間，明亮中性的連鎖咖啡店成了重要中介點，讓人暫時逃離家庭、工作或學校的壓力。

另外，冰咖啡在日本很受歡迎，店家會問你要熱飲還是冰飲（冰飲會附一包糖漿）。多數咖啡館有紅茶和果汁，但不太可能有綠茶，因為綠茶主要是在家裡和專門茶館裡喝，或是便利商店賣的瓶裝冷飲。

便利商店和自動販賣機有罐裝咖啡，雖然罐裝咖啡說不上美味，但這種如糖漿般的飲料屬於中年受薪族群，也是日本咖啡文化的經典特色，值得嘗試！

丸山咖啡（MARUYAMA COFFEE）

長野縣輕井澤町；www.maruyamacoffee.com；
+81 267 42 7655

◆ 餐點　　◆ 購物
◆ 咖啡館

輕井澤位於長野縣（Nagano），距東京西北部 100 公里遠，是個有歷史的山區車站。19 世紀時，富裕的菁英階級把這裡打造成避暑勝地。現在，輕井澤散發著沉穩氣質，有各式古董店、手工藝精品小店、果汁吧，還有丸山咖啡。丸山咖啡從 1991 年以來就引領著獨立烘豆坊運動，近年開始提供優質咖啡豆。店主丸山健太郎（Maruyama Kentaro）每年花很多時間旅行或探訪咖啡園。

丸山咖啡的 menu 隨時都有 30 來種單品咖啡，為了證明沖泡咖啡不需要手感、不需要技巧，店家用法式濾壓壺來沖泡咖啡，人人都可以在家如法「泡製」。很多人會在夏天造訪丸山咖啡，這個季節可以在附屬的商店購買季節限定的咖啡凍。

周邊景點
舊輕井澤銀座通（Kyū-Karuizawa Ginza）

這一區是舊輕井澤的中心地帶，在這條大街可以看到本地職人商品和品嚐附近農場的各種產品。*karuizawa-ginza.org*

榆樹街小鎮（Harunire Terrace）

榆樹街小鎮位在高檔的星野度假區園區內，周圍是輕井澤樹林，河邊露台上有些精品商店和餐廳。*www.hoshino-area.jp*

六曜社 （ROKUYŌSHA CHIKATEN）

京都河原町與三条通交叉口南側；+81 75 241 3026

◆ 餐點　　　◆ 烘豆　　　◆ 購物
◆ 咖啡館　　◆ 交通便利

　　六曜社是喫茶店的理想樣貌，自 1950 年開始營業，可說是京都最著名的咖啡店。狹長店面猶如火車車廂，內裝是桃花心木板，座位是矮仿皮沙發，每張桌子上都有個玻璃糖罐和京都製造的陶瓷煙灰缸。

　　咖啡豆依顧客需求研磨。玻璃水瓶內放著沖煮咖啡的水，一次往濾紙倒一點，每倒一次，咖啡師（儘管在這裡你不會這樣稱呼他們）會在瓦斯爐上溫熱一下水瓶。我們推薦特調咖啡，最好搭配店主太太製作的限量甜甜圈，但不要太晚來，賣完就吃不到了！

周邊景點

先斗町 （Pontochō）

　　來京都，晚上一定要到這條最有氣氛的街道上逛逛。這一帶是舊時的藝妓區，一些木屋現在則成了特色餐廳。

錦市場 （Nishiki Market）

　　錦市場是擁有百年歷史的拱廊商店街（下圖），這裡有數十家特產店，販售漬物醬菜、鹹魚、米果仙貝等當地名物。

森彥（MORIHICO）

北海道札幌市中央區南二条西 26-2-18；
morihico-coffee.com; +81 11 622 8880

◆ 餐點　　◆ 購物
◆ 咖啡館　◆ 交通便利

起初這裡只是個二戰後落成的木屋，隱身在小巷裡。當時 25 歲的設計師市川草介（Ichikawa Sōsuke）剛完成一個茶館設計之後就發現這個房子，心想或許可以把這裡改造成他和朋友的沙龍，於是買下這棟房子，歷時三年，利用週末時間修整。

後來，他決定放手一搏，實現他長期以來對咖啡的熱情。於是，這個房子成了森彥。經過了二十多年，外牆爬滿了長春藤蔓，森彥成了札幌重要的地標店面，象徵著緩慢而簡單的生活，而「緩慢樂活」正是北海道給人的印象。現在，森彥在札幌有好幾個風格各異的店面，還有一個烘豆坊。

森彥賣的是手沖咖啡，使用「法蘭絨濾布手沖法」（nel drip）。工具是法蘭絨材質濾布，形狀類似濾茶器，咖啡師在沖咖啡時會熟練地旋轉濾布。本店限定的森の雫（Mori no Shizuku）特調咖啡，中深度烘焙的色澤和店內精心修復的木頭橫梁完美搭配。

周邊景點
札幌啤酒博物館（Sapporo Beer Museum）

「札幌」是日本歷史最悠久的啤酒廠牌，最早期的磚造工廠（右上圖）現在是博物館，逛完後還可以在啤酒園來一杯沁涼啤酒。www.sapporoholdings.jp

藻岩山纜車（Moiwa-yama Ropeway）

搭纜車登上藻岩山頂（海拔 531 公尺），俯覽日本第五大城的景致。上山最理想的時間是天黑後。www.sapporo-dc.co.jp

大通公園（Odori-kōen）

大通公園與當地人的生活息息相關，全長 13 個街區，裡頭有裝置藝術、噴泉、草坪，也很適合來這裡觀賞往來人群。許多當地慶典活動也會在這裡舉行。
www.sapporo-park.or.jp/odori

大倉山跳台滑雪競技場
（Ōkura-yama Ski Jump Stadium）

這座競技場是為了 1972 年札幌冬季奧運所設置，從 133.6 公尺滑雪斜坡往下看，想像一下往下滑行的俯衝力道。到現在，這裡還會舉辦跳台比賽。
www.sapporowintersportsmuseum.com

BEAR POND ESPRESSO

東京都世田谷區北澤 2-36-12；
www.bear-pond.com; +81 3 5454 2486

◆ 購物　◆ 咖啡館　◆ 交通便利

對東京名店 Bear Pond 來說，義式濃縮等同「極度精準」。這裡的咖啡每天限量供應，營業時間只到 13:00。店主田中勝幸（Tanaka Katsuyuki）將 La Marzocco FB80 義式咖啡機自行改裝，確保每次都能精準煮出一杯 1.5 盎司的招牌義式濃縮「天使之痕」（angel stain）──這個名字取自杯壁上濃稠如漆的咖啡痕跡。

下北澤（Shimo-Kitazawa）以古怪有個性出名，Bear Pond 落腳在這裡恰恰好，而田中完全就是做自己，這種作風為他贏得了有個性的名聲（他的熱情是針對咖啡，而不是服務）。如果沒喝成義式濃縮，不妨試試 Bear Pond 另一個招牌飲品 Dirty──精緻義式濃縮和冷牛奶調成的漸層飲料。

周邊景點
Haight & Ashbury 古著店

這是下北澤地標，也是造型師的最愛，販售著跨越一世紀之久的服飾單品和好物。
haightandashbury.com

茄子老爹咖哩（Nasu Oyaji）

「茄子老爹咖哩」是當地人聚會的地方，賣的是加了多種香料（但不會辣）、肉類和蔬菜的日式咖哩。+81 3 3411 7035

琥珀咖啡 (CAFÉ DE L'AMBRE)

東京都中央區銀座 8-10-15；
http://www.cafedelambre.com/; +81 3 357 1 1551

◆ 烘豆　　　◆ 購物
◆ 咖啡館　　◆ 交通便利

Cafe de L'Ambre 血統特殊，關口一郎（Sekiguchi Ichirō）於 1948 年開了這家店，目前這是東京最古老的咖啡店之一。即使在超過百歲高齡時，關口先生一週仍有幾天會在店裡櫥窗後頭，用古董級富士牌（Fuji）烘豆機少量烘著咖啡豆。時至今日，Café De L'ambre 既是本地人聚會場所，也是咖啡朝聖景點。

店家的 menu 不同凡響。首先，這裡有陳年豆，例如巴西巴希亞州（Bahia）在 1973 年收成的豆子。陳年豆是關口先生的偶然發現，同樣的機緣現在已幾乎不可得：大約十年前，某一筆咖啡豆訂單竟然花了五年時間才到貨，於是他烘了這些豆子，結果很滿意，從此之後便開始實驗。關口先生是個孜孜不倦，愛研究機器的人，店裡許多器具都是他設計的，如琺瑯水瓶、銅壺、銅杯。

這裡還有一些特色飲品，看得出來是義式咖啡機尚未普遍時的發明。Café De L'ambre 的招牌飲料是 No. 7 Blanc & Noir Queen Amber——甜味特調，咖啡先放在馬丁尼調杯裡冰鎮後再倒入香檳酒杯，最後淋上煉乳。

周邊景點

歌舞伎座 (Kabuki-za)

不管還沒喝或已經喝過咖啡，都可以到東京唯一的歌舞伎表演專用劇場，看場有百年歷史的歌舞伎表演。*www.kabuki-za.co.jp*

銀座三越 (Ginza Mitsukoshi)

要買傳統陶瓷器或織品可以到銀座這家經典的百貨公司，地下美食街還有美味的外帶餐點。*mitsukoshi.mistore.jp*

Akomeya 食品雜貨舖

這是一家精緻的食品廚房用品專門店，可以選購手工味噌、醬油，還有精美炊具。*www.akomeya.jp*

資生堂美術館 (Shiseido Gallery)

美妝大廠資生堂長期資助藝術發展，館內展示著日本國內外當代藝術作品。*www.shiseidogroup.com/gallery*

GLITCH COFFEE & ROASTERS

東京都千代田區神田錦町 3-16 香村ビル 1F；
glitchcoffee.com; +81 3 5244 5458

◆ 餐點　　◆ 烘豆　　◆ 購物
◆ 咖啡館　◆ 交通便利

Glitch 不同於東京一般第三波浪潮的咖啡店——應該說是「南轅北轍」。店主鈴木清和（Suzuki Kiyokazu）並沒有選擇在富之谷（Tomigaya）或清澄（Kiyosumi）等獨立咖啡店聚集的區域落腳，而是選擇了與第一波咖啡浪潮風格相關的神保町（Jimbōchō），這一帶也是學生出沒的地段，附近有大學、爵士酒吧、二手書店。Glitch 於 2015 年開業並融入當地社區，店主希望這家店能成為社區中心，甚至大方邀請其他店家來使用店裡閃閃發光的 Probat 烘豆機（占據店面近 1/4 面積）。他個人偏好淺焙，推薦手沖 Ethiopia Alaka Washed，帶有柑橘和茉莉香。

周邊景點
皇居東御苑（Imperial Palace East Garden）

這座江戶時代的花園（下圖）受到悉心維護，還保存了一部分江戶城遺跡，是皇居唯一免費對外開放的區域。www.kunaicho.go.jp

大屋書房（Ohya Shobō）

有 135 年歷史的地標二手書店，專賣江戶時代（1603-1848）的相關古地圖、指南、漫畫和木刻版畫。www.ohya-shobo.com

寮國

如何用當地語言點咖啡？
Khony samadmi kafe dai dai kaluna
最有特色的咖啡？濃郁黑咖啡加煉乳。
該點什麼配咖啡？椰子甜餅（khao nom kok）。
貼心提醒：基於禮貌，進入他人家門前要脫鞋。
就座後腳不可舉起，會被認為是極無禮的行為。

提到咖啡，東南亞最出名的大概就是印尼（「爪哇」二字非虛名），但除了印尼外，內陸小國寮國也有相當蓬勃的咖啡產業。自法國殖民時代引進咖啡後，咖啡已成寮國農民重要的額外收入，不管是大型專業咖啡園或一般民宅後院，到處可見咖啡灌木叢。這裡的咖啡多半是羅布斯塔，密集種植以供應生產即溶咖啡。現在也有愈來愈多人開始種植品質較好的阿拉比卡，並強調咖啡豆品質和永續的耕種方式。

波羅芬高原（Bolaven Plateau）是寮國重要的咖啡產區，這一大片肥沃的火山高地也是寮國大部分農作蔬果的產地，包括米和樹薯等主食。多數人在這裡過著自給自足的生活，村莊以合作社的方式經營農作，確保產量極大化和最有利價格。波羅芬高原多數咖啡也是以這種生產方式運作，量通常重於質。但是，由於這裡有著種植咖啡的理想氣候條件，相信不久之後，在國外要看到高品質的寮國咖啡就更容易了。

MYSTIC MOUNTAIN COFFEE

Bolaven Plateau; +856 20 99 661 333

◆ 餐點　　◆ 烘豆
◆ 購物　　◆ 交通便利

光是到 Khamsone Souvannakhily 咖啡園的路程就是一場冒險。咖啡園位於波羅芬高原高處，離最近的村莊也有好幾英哩遠，因此，主人 Khamsone 會親自開著古董中國製吉普車來接駁，車子走在顛簸的車痕泥路上，嘎嘎作響，一路來到他家族經營的有機咖啡園。

一到莊園，Khamsone 會介紹從種植、收成到加工和烘焙的整個咖啡生產流程。每一批豆子都是使用他放在住家後的一部舊鑄鐵烘豆機親自烘焙。你可以幫忙分豆子，觀看烘豆機運作，接著到高架屋內品嚐傳統寮國午餐和咖啡。用餐結束後還可以走一下步道，到附近瀑布遊覽。踏上歸途前當然別忘記買 Khamsone 咖啡。

周邊景點

Tad Fane 瀑布

這座讓人印象深刻的雙瀑布從 120 公尺高、蓊鬱的斜坡落下，猶如電影《侏羅紀公園》（Jurassic Park）的場景。

巴松市場（Paksong Market）

巴松市場是波羅芬高原上數一數二的日常大市場，也是品嚐本地小吃寮式湯麵（khao poon）的好去處。

馬來西亞

如何用當地語言點咖啡？ Bagi saya satu kopi
最有特色的咖啡？ 冰咖啡（Kopi ais）。作法是先在玻璃杯內放入冰塊、糖、煉乳，再倒入熱咖啡。印度攤子嘛嘛檔（Mamak）賣的拉咖啡（Kopi Tarik）也值得一試，「拉」咖啡是將牛奶咖啡從 A 壺倒到 B 壺的動作，增加跟空氣接觸的機會。
該點什麼配咖啡？ 半熟水煮蛋烤土司；印度甩餅（roti canai）佐咖哩醬；椰漿飯（nasi lemak）搭水煮蛋、酥炸鯷魚和參巴辣椒醬（sambal chilli paste）。
貼心提醒：不想喝太甜的冰咖啡，就點 kopi ais kurang manis。

馬來西亞的人口組成多元，有馬來人、華人、印度人，大家對許多議題或許異見分歧，卻可以齊聚在傳統咖啡店（Kopi Tiam），在吊扇下喝著馬式咖啡，一邊愉快聊是非。走進這些傳統咖啡館，可以一窺馬國奇異而美妙的咖啡世界。

全球只有約 0.2％咖啡產於馬來西亞，但因品質不佳，烘焙過程必須添加糖、人造奶油、麥粉、烤焦玉米等成分加以掩蓋，以注入深焙厚實的風味。在這裡，義式咖啡機和法式濾壓壺不流行，人們將熱水倒入濾布萃取咖啡，最後通常還會加上濃稠煉乳和糖。聽起來好像不好喝，但一旦開始習慣了，就會上癮。真的喝不習慣，可以點加糖的黑咖啡（kopi-O）或無糖黑咖啡（kopi-O-kosong，字面意思是「什麼都沒有加的咖啡」）。

雖然，每個大城市都加入了精品咖啡熱潮，到處可見跟雪梨、舊金山同步的新潮咖啡館或微型烘豆坊，只有極少數本地人有能力消費昂貴的進口咖啡，如牙買加藍山和小白咖啡。還好，多數馬來西亞人還是最愛自己的馬式咖啡。

新源隆白咖啡（SIN YOON LOONG）

15A Jalan Bandar Timah, Ipoh, Perak

◆ 餐點　　◆ 烘豆
◆ 咖啡館　◆ 交通便利

馬來西亞的傳奇咖啡，在怡保的破舊店鋪「新源隆白咖啡」臻於完美。從新源隆白咖啡的綠色百葉簾子往裡面看，只會看到一個食堂，塑膠椅從鋪著磁磚牆壁的室內放到外面的人行道來。樸素的新源隆白咖啡不需要講究體面，這裡正是怡保名產白咖啡的誕生之地。白咖啡是加了雙份糖和咖啡的飲品，風行至今。使用的咖啡豆因在烘焙過程中加了人造奶油而帶有奶油風味，喝起來口感像湯，滑順濃郁，加上甜甜的煉乳最對味。

怡保白咖啡的熱潮引爆，催生了遍布全馬的咖啡連鎖店「舊街場白咖啡」（OldTown White Coffee），但這個連鎖品牌與最初發明白咖啡配方的新源隆無關，馬國饕客依然會到新源隆白咖啡（和附近店名相近到讓人覺得可疑的咖啡店）朝聖。

好不容易搶到座位後，應該點一杯招牌白咖啡；這裡的白咖啡特別好喝，不知是否因為裝在傳統藍白瓷杯的緣故。

周邊景點

街頭藝術巡禮（Street Art Trail）

知名立陶宛街頭藝術家 Ernest Zacharevic 在此創作許多壁畫，有咖啡袋、柚子、大型蜂鳥。往 Jalan Panglima 方向，跟著標誌走就會找到。

老黃芽菜雞（Lou Wong Chicken Beansprouts）

就是軟嫩的水煮雞佐豆芽菜，賣這道怡保招牌菜的餐廳是比新源隆白咖啡更熱門的美食朝聖地。

光興街區（Kong Heng Block）

這一帶有優雅的老建築，可以在藝品店選購手作紀念品或尋找冰涼點心，這裡是怡保藝術愛好者聚會的場所。

怡保火車站

部分當地人將將有著白色拱頂的火車站稱為怡保的泰姬瑪哈陵，這是可以理解的類比。這座上鏡頭的建築物是 20 世紀早期英屬印度（Raj）建築風格的傑作。

黑豆子咖啡茶莊 (BLACK BEAN COFFEE AND TEA)

87 Ewe Hai St, Kuching, Sarawak; +60 8242 0290

◆ 烘豆　　◆ 購物
◆ 咖啡館　◆ 交通便利

想在古晉最受歡迎的精品咖啡館覓得一席空位並不容易，但不用覺得奇怪，因為小巧的黑豆子咖啡茶莊只有三張桌子！位於古晉市中心，熱情的店主兼烘豆師鄭楊耀（Jong Yian Chang）將典型中式店面改裝，展示婆羅洲自產的咖啡。店內擺設不算講究，有幾幅褪色照片，搖晃的木頭櫃台，露台上有幾株高大的熱帶植物。

黑豆子咖啡茶莊之所以獨特，是因為使用了砂勞越賴比利加（Sarawak Liberica）豆。這支豆子來自周圍是婆羅洲遠古熱帶雨林的砂勞越（Sarawak，或譯砂拉越），主要由 Bidayuh 和 Iban 兩個原住民部落小農以永續方式栽種，他們過去以獵頭文化而聞名。這些豆子採自然處理法，沖煮出來的咖啡順口醇厚，酸度低，充滿異國香氣。店內咖啡的選擇多樣，從砂勞越、爪哇羅布斯塔到坦尚尼亞和肯亞阿拉比卡都有，一旦喝過精品砂勞越賴比利加的雙份義式濃縮，在古晉就不會想再喝其他咖啡了。我們還推薦 Condensed Milk Ice Blended——砂勞越賴比利加義式濃縮調和煉乳和冰塊。

真有興趣的話，這裡有各種咖啡相關活動，如品鑑咖啡和杯測課程，以及適合咖啡館經營者參加且為期更長的工作坊。另外，還有參觀內陸莊園的一日遊。

周邊景點

法庭建築物（Old Court House Building）

壯觀的殖民時期法庭建築目前是古晉的文化中心，這裡有時髦的咖啡館和酒吧，舉辦藝術展覽、戲劇或 live 音樂演出。

舢舨船（Sampan ferry）

走到河邊，搭舢舨船橫渡砂拉越河（Sarawak river）。黃昏日落時可以看到最棒的景色。

Top Spot Food Court 美食廣場

位於頂樓的美食廣場有幾十個攤位，每天晚上為飢腸轆轆的民眾提供餐食。在這裡，可以跟當地人坐下來大啖巨蝦、野菜和咖哩魚。

砂拉越博物館（Sarawak Museum）

博物館從 1891 年成立至今幾乎沒有什麼改變，裡頭展示熱帶動植物，並介紹本地原住民部落文化。www.museum.sarawak.gov.my

新加坡

如何用當地語言點咖啡？One kopi please
最有特色的咖啡？黑咖啡加煉乳（Kopi）、黑咖啡加糖（kopi-o）或咖啡加奶水（kopi-c）。
該點什麼配咖啡？咖椰吐司（kaya toast），就是在兩片薄吐司間夾一大塊奶油和濃郁的咖椰醬。
貼心提醒：入境隨俗，要在熟食中心（或美食街）喝咖啡，得先在座位上放一包衛生紙占位子，才能保證有位子坐。

在新加坡，隨處可見的熟食中心和美食街都有賣咖啡，價格也比大型連鎖店和精品咖啡店低廉，1美元就能享受到咖啡——但不是滑順的拿鐵，也不是濃郁的義式濃縮。新加坡人喜歡帶油脂又甜的黑咖啡，用的常是羅布斯塔豆，烘焙過程中會加人造奶油或奶油，有時會加糖。如果想品嚐最正統的新加坡咖啡，就點 kopi（咖啡加煉乳）、kopi-o（黑咖啡加糖）或 kopi-c（咖啡加奶水）。不想喝甜咖啡，就試試拿鐵或 kopi、kopi-c 這兩種不含糖的咖啡，也可以直接點不含糖、不含奶的 kosong（黑咖啡，字面意思是「零添加」）。

沖煮咖啡本身就是個值得看的過程：先將咖啡粉放入布質濾袋中，再沖入熱水，順勢流入一口長嘴壺內。客人點好咖啡後，咖啡師會將咖啡倒入杯中，並加熱水稀釋，這是新加坡沖泡咖啡的傳統方式。然而，新加坡就如其他富裕城市一樣，精品咖啡熱潮正興，這裡有國際視野，加上許多新穎事物隨

著從墨爾本、雪梨、倫敦等地大學學成海歸的人進入新加坡，要找精品咖啡很容易。不起眼的地點也有出色烘豆店，人潮集聚處也有酷炫咖啡館，即使租金飆漲，這股咖啡熱潮勢將持續不退！

再成發五金 (CHYE SENG HUAT HARDWARE)

150 Tyrwhitt Rd, Jalan Besar, Singapore;
www.cshhcoffee.com; +65 6396 0609

◆ 餐點　　◆ 烘豆　　◆ 課程
◆ 購物　　◆ 咖啡館　◆ 交通便利

再成發五金（CSHH）可說是新加坡目前最成功的咖啡館，其經營者也是 Papa Palheta 的創辦人。Papa Palheta 是新加坡最早期的精品咖啡烘焙店和零售商。CSHH 所在的空間，其前身是五金行，改裝後既現代而有品味，這裡是快速喝杯義式濃縮或觀看人群的好地方。CSHH 選用的咖啡豆來自世界各地，並在店內現場烘焙。我們推薦義式濃縮、手沖或甚至氮氣冷萃咖啡。真的有興趣的話，這裡提供各種咖啡課程，從杯測到拉花都有。餐點也一樣不馬虎，如

用煎盤烘烤的伊比利豬肋排午餐。如果想喝酒，院子裡就有啤酒攤。

周邊景點
Tyrwhitt General Company

這家店就位於 CSHH 樓上，結合了店面和工作室，販售如皮夾等手工製品，也可報名參加皮件製作課、書法或肥皂、蠟燭製作課程。*thegeneralco.sg*

新加坡國家博物館
（National Museum of Singapore）

美麗又現代的新加坡國家博物館（下圖）展出新加坡的歷史和美食，參觀完博物館後可以到福康寧公園（Fort Canning Park）散散步。*nationalmuseum.sg*

COMMON MAN COFFEE ROASTERS

22 Martin Rd, #01-00, Singapore;

www.commonmancoffeeroasters.com; +65 6836 4695

◆ 餐點　　　◆ 課程　　　◆ 購物

◆ 咖啡館　　◆ 交通便利

在新加坡要成功開設咖啡館的步驟是：結合澳洲知名咖啡師 Harry Grover 和澳洲名店 Five Senses，並獲得企業家 Cynthia Chua 的贊助（Cynthia Chua 經營連鎖 SPA 致富後開始涉足餐飲業）。

2013 年，CMCR 在新加坡的咖啡界如明星般竄起，以活潑有朝氣的現代氛圍、全天供應的豐盛早午餐擄獲本地人的心，當然還有各種季節性咖啡，全是自家焙煎。

CMCR 事業持續成長，2015 年在澳洲咖啡師學院（Australian Barista Academy）的支持下，成立了咖啡學院，提供各種相關課程，並積極參與業界活動，舉辦杯測活動和新加坡愛樂壓大賽（Singapore AeroPress Championships）。2016 年，因為咖啡需求飆升，CMCR 不得不將烘焙工作移至他處，除了原先的 6 公斤烘豆機外，還添購了一部 45 公斤烘豆機。CMCR 最近在馬來西亞吉隆坡開了海外第一家分店。

店內狀況通常反映出店家受歡迎的程度。如果店內太忙太擁擠，建議到樓上舒適的 Grounded（CMCR 的副牌）。這裡一樣有好咖啡，店內有著復古裝潢，對外可看到一片綠意。

周邊景點

新加坡泰勒印刷學院

（Singapore-Tyler Print Institute）

2002 年以來，新加坡泰勒印刷學院（STPI）就為知名藝術家舉辦駐館活動和展覽，參加者包括大衛‧霍克尼（David Hockney）和韓國藝術家徐道獲（Do Huh Suh）。www.stpi.com.sg

亞洲文明博物館（Asian Civilisations Museum）

博物館外觀是一棟美麗的殖民時期建築，引領參觀者走入屬於亞洲的藝術、文化和宗教之旅。acm.org.sg

碼頭區

羅伯遜碼頭（Robertson Quay）、克拉碼頭（Clarke Quay）和泊船碼頭（Boat Quay）過去是新加坡河流貿易的命脈，現在則是時髦住宅、餐廳和酒吧林立的區域。

中峇魯（Tiong Bahru）

中峇魯是熱門區域，散發裝置藝術的美感，並有各種酒吧、餐廳、書店、手工藝品店、流行精品店等，吸引來自各地的潮人。

NYLON COFFEE ROASTERS

4 Everton Park, #01-40, Singapore;
www.nyloncoffee.sg; +65 6220 2330

◆ 烘豆　　◆ 購物
◆ 咖啡館　◆ 交通便利

Dennis Tang 和 Jia Min Lee 這對人生伴侶分別結束紐約和倫敦的工作後回到新加坡，在 2012 年開了 Nylon——店名就是擷取了 New York（紐約）和 London（倫敦）兩個字後的結合。在這裡，工作充滿熱情，上選咖啡在這裡烘焙沖煮，滿足口味愈來愈講究的本地人。

　　熟客和本地人會來店裡喝咖啡，跟咖啡師聊天，或帶一包剛烘好的衣索比亞 Mokanisa。所有豆子都是用店裡一部修復過的烘豆機烘焙，用愛樂壓、手沖或義式咖啡機沖煮咖啡。不過，Nylon 有一大半工作發生在幕後：店主造訪世界各地的農場和合作社，採購生豆。基於對咖啡的專注與堅持，Nylon 只賣咖啡不供餐。

周邊景點

中國城（Chinatown）

　　中國城距離 Nylon 只有 15 分鐘腳程，在牛車水大廈（Chinatown Complex）的熟食中心除了可以喝到本地咖啡外，也能體驗一下本地人的日常生活。

了凡香港油雞飯麵

（Hong Kong Soya Sauce Chicken Rice & Noodle）

　　這家排隊名店因為美味雞飯獲頒米其林一星。一份餐只要 3 美元，價格親民。

地址：*78 Smith Street*

泰國

如何用當地語言點咖啡？

Kaw kafaa kaa ou nueng krap

最有特色的咖啡？絲襪咖啡。

該點什麼配咖啡？泰式甜點或鹹香中式小點。

貼心提醒：喝完咖啡後，來一小杯淡味中式茶。

提到泰國的咖啡因飲料，多數人會想到泰式奶茶。帶有奶味和甜味的橘色泰式奶茶（通常是冷飲）已揚名海外，但泰國低調而悠久的咖啡傳統則鮮為人知。

咖啡最早是由中國移民引入泰國中部和南部，當時用的都是進口咖啡豆，焙煎過程常會加糖並烘焙至近乎焦黑程度。一些老派店

面至今還看得到傳統沖煮方式：先在錐形濾布內裝入咖啡粉，再沖入熱水。濾出的咖啡顏色偏深，味道苦而香，但略顯不夠醇厚。泰式咖啡的容器通常是小玻璃杯，杯底先放幾匙甜煉乳和約一茶匙糖。喝之前先用湯匙充分攪拌，喝完後來喝一杯淡味中國茶（茶通常都會隨咖啡附上）。

過去的狀況是那樣，而近年來，泰國大城市的咖啡圈子已像世界其他地方一樣多元蓬勃。泰國北部和最南端已開始種植高品質咖啡豆，並在泰國國內烘焙，咖啡飲料種類繁多。就算是小村子裡也都能看到義式咖啡機，但多數泰國人還是喜歡加了糖和冰的咖啡（就像泰式紅茶那樣）。

ROCKET COFFEEBAR

Sathorn Soi 12, Bangkok;
www.rocketcoffeebar.com; +66 2 635 0404

◆ 餐點　　◆ 購物
◆ 咖啡館

毫無疑問，就「潮」咖啡美學而言，曼谷的 Rocket 滿足所有條件。工作台上，穿著丹寧圍裙的咖啡師手拿 Hario 壺，用 V60 陶瓷濾杯手沖咖啡。本地人有的坐在人行道上的座位喝著小白咖啡，有的在櫃台邊挑選西點。陽光從窗戶流瀉進來，照亮了有光滑木作、懸垂燈具和北歐風家具的室內空間。早午餐菜單上有格子鬆餅、燕麥黑麥粥、北歐開放式三明治（smorrebrod）和巴西莓果碗（acai bowls），都是再流行不過的餐食。

Rocket 在曼谷有兩個店面，這家位於 Sathorn Soi 12 的創始店，距昭披耶河（Chao Phraya River）只有幾個街區。較新的店面在大馬路上，地址是 Sukhumvit Soi 49。就地段而言，我們較喜歡創始店，但兩家店的咖啡都很棒，不管是單品豆或哥倫比亞、衣索比亞、泰國的豆子。蜜糖咖啡（cafe bombon）是泰式經典，這個義式濃縮加上甜煉乳的咖啡飲品要試過幾次才會喜歡。受不了曼谷出名的濕黏天氣時，別擔心，Rocket 有殺手級冰拿鐵。來 Rocket 咖啡，保證讓你像火箭般一飛衝天！

周邊景點

臥佛寺（Wat Pho）

距 Rocket 不遠的臥佛寺，是曼谷最神聖也最受歡迎的寺廟，寺內有一尊長達 46 公尺、外身以金箔包覆的臥佛。

昭披耶河（Chao Phraya River）

昭披耶河是繁忙的水路命脈，旅運量相當可觀，搭長尾船可以漫遊河景。

倫披尼公園（Lumphini Park）

夾在高樓和辦公大廈間的倫披尼公園如都市綠洲，這裡有步道、池塘和樹林，甚至還能瞧見巨蜥身影。

鄭王廟（Wat Arun）

位於 Thonburi 區的鄭王廟又名「黎明寺」，是不可錯過的地標景點。

ROOTS COFFEE

Thonglor 17, 55 Sukhumvit Rd, Bangkok;
www.rootsbkk.com; +66 97 059 4517

◆ 餐點　　◆ 烘豆
◆ 購物　　◆ 咖啡館

在曼谷，義式濃縮咖啡店愈來愈多，但烘豆店則為數不多，主因就是 Roots Coffee——曼谷許多咖啡館、旅館、餐廳的供應商。這家小烘豆坊成立於 2011 年，在曼谷和泰國各地享有盛名。

Roots Coffee 主打來自 Jaroon、Pa Hom Pok、Pangkhon 等泰國產地的咖啡豆，這些咖啡在泰國以外的地方非常稀有。值得一試的是產於 Huay Nam Khun 的咖啡豆，這款咖啡豆是在清萊（Chiang Rai）運用「冷凍蜜處理」（Freezer Honey）將甜味和果香味極大化。咖啡館本身清爽乾淨，混凝土和木作空間是重點，位置就在 Commons 中間。Commons 是近期新開幕的複合商場，結合熟食、烘焙食物、手作和農產品，是很夯的地點。

周邊景點
The Commons 複合商城

這座複合商城以「建立健全社區」為理念，為曼谷提供了不同於其他繁忙現代化商場的休憩空間，共規畫四個空間用途：商場、聚落、遊樂場、頂樓綠地。
thecommonsbkk.com

拉差達火車夜市（Rot Fai Market Ratchada）

曼谷最新的火車市場是逛服飾、工藝品、收藏品和小玩意兒的好地方，這裡也有很棒的食物攤位。*www.bangkok.com*

AKHA AMA

Hussadhisewee Rd, Soi 3 Chang Phuak, Chiang Mai;
www.akhaama.com; +66 86 915 8600

◆ 烘豆　　◆ 購物
◆ 咖啡館

　　AKHA AMA 位於寺廟林立的清邁，對社會有著強烈使命感，不僅賣好咖啡，也做好事。數十年來，泰北高山部落阿卡族（Akha）在清萊省馬佳泰村（Maejantai）附近以生產咖啡維生，有位阿卡族婦女開設了 AKHA AMA，希望為當地農民建立咖啡銷售、加工和推廣的管道。在阿卡語中，Ama 是「母親」之意，因此母親圖像也成了咖啡館的 logo。Akha Ama 只選用 100％有機農法的阿拉比卡豆，貫徹小規模和永續經營。咖啡館本身走簡約風格，只有簡單家具和少量擺飾，與連鎖咖啡館截然不同。推薦試試義式冰搖咖啡（shakerato），這是雙份義式濃縮與冰塊在雞尾酒搖杯中快速混合而成的冰飲。

周邊景點
帕邢寺（Wat Phra Singh）

　　這是清邁香火最鼎盛的寺廟，因供奉獅佛而地位崇高，寺廟中心是個以馬賽克裝飾的聖殿。

清邁夜市

　　想找價廉的紀念品，來喧鬧擁擠的夜市就對了。別不好意思討價還價！夜市位於 Thanon Chang Khlan 路上。

YU CHIANG

112 Thanon Rama VI, Trang;
+66 75 218 106

◆ **餐點**　　◆ **咖啡館**
◆ **交通便利**

泰國南部可説是當代泰國咖啡文化的發源地，中國移民將咖啡店引進於此，當地人稱這些咖啡店為「rahn go tii」——結合深焙、有煙燻風味的咖啡和泰式甜點、美味小吃。

如果沒有咖啡，董里就只是個平淡無奇的南部小鎮，這裡是泰南咖啡文化的虛擬時光膠囊，保有許多歷史悠久的 rahn go tii，不少仍維持著數十年前的面貌，Yu Chiang 就是其中一例。Yu Chiang 至少有一甲子歷史，褪色的綠松石漆、大理石台面和古董木椅見證了其歷史風華。在這裡，唯一可能比家具資深的是顧客，他們仍喜歡以傳統方式沖煮的咖啡：先用炭火將水燒開，再將熱水倒入裝了咖啡粉的濾布中，讓咖啡滴入裝有大量甜煉乳的玻璃杯內。

除了咖啡，Yu Chiang 還有其他重頭戲。一早來訪會看到每張桌子上都有一個托盤，上面有各式泰式甜點，巧妙地包在香蕉葉裡，還有蒸包子等鹹食類。而讓 Yu Chiang 成為董里風格名店的，是其微甜口感的酥脆烤豬肉，加上咖啡，成了這個城市的象徵。

周邊景點
夜市

到了晚上，商業活動和地區美食匯聚在夜市，這裡是泰國南部之最！

穆島（Ko Muk）

糖白色沙灘和石灰岩懸崖使穆島成為泰國島嶼的完美典型。美麗的翡翠洞（Tham Morakot）是一大亮點，洞穴另一頭是被懸崖壁包圍的沙灘。

奈島（Ko Ngai）

綠意盎然的奈島，周圍被珊瑚和清澈海水所環繞，這裡是浮潛初學者的天堂。

科里蚌島（Ko Libong）

科里蚌島是鄰近董里最有鄉間風情的島嶼，島上以穆斯林漁村和原生儒民聞名。

越南

如何用當地語言點咖啡？ Mot ca phe

最有特色的咖啡？越南咖啡（ca phesua da，加了甜煉乳的冰咖啡）。

該點什麼配咖啡？
越南冰茶（tra da，通常免費）。

貼心提醒：不用趕，慢慢來。啜飲一小口咖啡，攪拌一下冰塊，看看路人，聊天八卦，再攪拌一下咖啡……

越南咖啡濃而甜。1857 年，法國人將咖啡帶到越南，如今，越南已是全球第二大咖啡生產國。越南承襲了法國習慣，老老少少都愛泡在咖啡裡，面對著街道而坐。不同的是，這裡坐的是小椅子和凳子，而街上到處可見平實親民的咖啡店。河內是咖啡之都，越南人流連喝咖啡、忙社交，他們不是喝完迅速走人的類型。

在越南，羅布斯塔豆是大宗，不但價格比阿拉比卡豆低廉，也較容易種植。高人氣的越南咖啡用的正是羅布斯塔豆，透過越式咖啡濾杯（phin device）萃取而來。在濾杯內裝入咖啡粉、倒入熱水；五分鐘內，咖啡直接滴入杯中，接著放入冰塊和煉乳（在鮮奶取得不易的年代，煉乳是權宜之計），深焙羅布斯塔的濃烈味道跟甜味很搭。這樣的口味或許太重，但炎熱昏沉時來一杯冰涼甜飲，會讓人身心暢快！越南咖啡不含牛奶，但也略帶焦糖味，焙煎後的咖啡豆帶著甜味和可可味，風味縈繞不去。

河內有些創意咖啡，如用雞蛋或優格取代牛奶。現代的胡志明市也可看出品味正在改變，有設計感、有空調的新式咖啡館進駐這個越南最大城。精品咖啡館正在興起，想喝順口的阿拉比卡咖啡，這些咖啡館是好地方，不怕喝不到好味道。

越 南　大叻

K'HO COFFEE

Bonneur' C Village, near Dalat;
www.khocoffee.com

◆ 烘豆　　◆ 購物
◆ 咖啡館

K'Ho Coffee 是由越南中部高原森林原住民哥霍族（K'Ho）農家成立的咖啡合作社。越南是全球最主要羅布斯塔咖啡生產國，而這裡承襲的則是法國殖民者 1860 年代於此種植的阿拉比卡。這個倡導公平貿易的合作社是由第四代 Rolan Co Lieng 和丈夫 Josh Guikema 發起，追求永續的生產方式以保護 K'Ho 原住民文化和中部高原生態。從大叻（Dalat）搭摩托計程車到 K'Ho Coffee 約 10 公里，遊客可以參觀農場，並品嚐、選購各類咖啡。

周邊景點
瘋狂屋（Hang Nga Crazy House）

這座超現實主義的建築傑作有著繽紛、熔岩般的奇怪造型，細長飛橋穿梭在綠色植栽和異乎尋常的房間之間，彷彿建築怪傑高第（Gaudi）和奇幻文學家托爾金（Tolkien）在這裡交會。地址：3 Đ Huynh ThucKhang

大象瀑布（Elephant Falls）

大象瀑布的名號取自於其上貌似象頭的岩石，要進到大象瀑布感受沁涼水氣，必須攀爬陡峭顛簸的階梯。

GIANG CAFE

39 Nguyen Huu Huan St, HoanKiem, Hanoi;
www.giangcafehanoi.com; +84 98 989 2298

◆ 餐點　　◆ 購物
◆ 咖啡館　◆ 交通便利

在舊城區有條到處都是半露天咖啡座的街道，勇敢拐進陰暗走廊並爬上樓梯，才能到達位在室內天井空間 Giang Cafe。坐在木凳上享用又像飲料又像甜點的河內經典蛋咖啡（ca phetrung），最上層的蓬鬆泡沫是蛋加上煉奶、起司、奶油打出來的，有時為了豐富口感還會撒上咖啡粉。聽起來噁心嗎？想像這是「用喝的提拉米蘇」，就不覺得有那麼怪異了！

為了維持口感滑順和保溫，蛋咖啡是浸在一碗熱水裡上桌的。喝法是，先將湯匙直插入杯底，再慢慢拉出，讓湯匙穿越層層細節，捕捉各種風味的巧妙平衡——甜甜的，口感半凝固，清爽而無蛋味。坐著品嚐蛋咖啡，隨著頭上吊扇讓時光回到 1946 年。店主的父親就是在 1946 年發明了蛋咖啡。當時他在河內最高檔的飯店索菲特大都市飯店（Sofitel Metropole）擔任酒保，由於鮮奶取得不易，他突發奇想以蛋黃取代鮮奶。如果不愛溫熱的蛋泡沫，可以試試冰的蛋咖啡。冰塊夠多時會有冰沙口感，同時兼具了越南蛋咖啡的獨特氣質。

周邊景點

火爐監獄（Hoa Lo Prison）

早先這裡是越南政治運動者飽受凌虐的牢籠，後來的美國囚犯為這裡取了「河內希爾頓」的稱號。+84 24 3934 2253

Hanoi Social Club

這棟精心改造再生的越式建築，除了提供一流的融合美食（fusion food）和義式咖啡外，也會舉辦各種音樂表演、藝術和活動（如音樂冥想）。fb.me/TheHanoiSocialClub

昇龍水上木偶劇場
（Thang Long Water Puppet Theatre）

舞台本身是一座水池，結合煙火和煙霧效果，到此可欣賞欣賞上了漆的木人偶隨著現場演奏的音樂和歌唱，演繹老少咸宜的越南民間故事。thanglongwaterpuppet.org

還劍湖（HoanKiem Lake）

舊城區各街道都與環湖步道互通，週末時這裡聚集了家庭、情侶和遊客，熱鬧滾滾。

THE WORKSHOP

27 Ngo Duc Ke St, District 1, Ho Chi Minh City;
+84 28 3824 6801

◆ 餐點　　◆ 烘豆　　　◆ 課程
◆ 購物　　◆ 交通便利

　　順著蜿蜒樓梯來到這個位在頂樓的咖啡館和咖啡交流中心，一個有設計感的工業風空間映入眼簾。Workshop 立志成為胡志明市第一家精品烘豆館。明亮空間和時髦的本地客人，讓人誤以為這裡只是個展示場所，而咖啡的美味始終如一，烘豆、沖煮和鑑賞課程而更讓這裡充滿活力。

　　Workshop 有十來種沖煮和呈現咖啡的方式，例如運用混搭、實驗性手沖工具，還有公認可靠的 Kalita Wave 和 V60 濾杯。如果拿不定主意，我們推薦跟著當地人點單品 Dalat 拿鐵，搭一份（shot）冷萃咖啡。

周邊景點
Pasteur Street Brewing Co 啤酒公司

　　品嚐過精品咖啡後，來了解一下越南精釀啤酒大廠，一次品嚐六種啤酒，其中大概會有茉莉花 IPA、綠茶艾爾啤酒和濃郁的咖啡波特啤酒（porter）。*www.pasteurstreet.com*

中央郵局（Central Post Office）

　　在這裡可以一窺越式融合風格，結合法國哥德式和文藝復興的裝潢，自動提款機放在古董級木製亭子中，牆上還掛有一幅大型的胡志明馬賽克肖像。

起司咖啡 KAFFEOST（芬蘭＆瑞典）

在這些北歐國家，將咖啡中的方糖換成起司丁是見怪不怪的事。凝乳和凝乳酶烤成金黃色後，切成烤麵包丁大小放入杯中，接著倒入黑咖啡。把這些起司塊想像成是牛奶的替代品大概就可以接受了。

海鹽咖啡 SEA SALT COFFEE（台灣）

「海岩咖啡」是連鎖咖啡店 85℃ 的熱門商品，最上層是綿密厚實的海鹽奶泡，底下是加了糖的冷萃咖啡。海鹽除了能刺激味蕾，據說還能「開啟」咖啡的多層次風味。這是一杯層次豐富、柔順、甜中帶鹹的咖啡飲品。

如果你對氮氣咖啡和義式超濃咖啡（ristretto）已經很熟悉，以下這些另類口味會全面升級你的咖啡體驗！也就是會有機會喝到帶起司味、有點油，又好像有莫名固體的咖啡飲品——滿滿的異國風味！

COFFEE
另類怪咖

防彈咖啡 Bulletproof Coffee（美國）

防彈咖啡的靈感來源是帶有鹹味、有人形容像「濕襪子」的西藏酥油茶。某位美國健康專家發明了防彈咖啡配方，在咖啡中加入草飼奶油和椰子油。愛好者說這個有泡沫的油性飲料能抑制食慾，並提高專注力。

季風馬拉巴咖啡 Monsoon Malabar（印度）

19 世紀時，印度咖啡園用木船將生豆出口到歐洲，豆子在六個月的航程裡因受潮而脹大變色，沖煮出來的咖啡卻意外細緻，酸味明顯減弱。現在，為了複製「季風」效果，人們將咖啡豆放在粗麻布袋中並置於戶外，讓袋內咖啡豆吸收濕氣。

鴛鴦咖啡 KOPI CHAM（馬來西亞）

咖啡？茶？何不一石二鳥，將兩者結合呢？這個在馬國受到一般大眾歡迎的飲料混合了咖啡和奶茶，中文名稱為「鴛鴦」，象徵著愛情此生不渝。

蛋咖啡 CÀ PHÊ TRUNG（越南）

在 1940 年代牛奶短缺期間，有位調酒師將蛋黃咖啡引進越南。他先攪拌蛋黃，再倒入黑咖啡，使蛋黃旋轉下沉到最底部。變化版本包括加煉乳、糖或濃郁白起司。蛋咖啡口感醇厚柔滑，嚐起來較像甜點而不像早餐。

ODDITIES

燒炭咖啡 Kopi Joss（印尼）

1960 年，某位人稱「曼先生」的爪哇人在咖啡裡放了一塊發著微弱火光的木炭，說是要舒緩胃痛，竟然奏效！現在，日惹（Yogyakarta）火車站附近就能嚐到最原始的燒炭咖啡，路邊攤也喝得到仿製版。

蜜糖咖啡 CAFÉ BOMBON（西班牙）

蜜糖咖啡既是咖啡也是甜點，這款甜死人不償命的飲品發源於瓦倫西亞（Valencia），由義式濃縮咖啡和煉乳等比例調製而成。蜜糖咖啡的容器不是咖啡杯，而是玻璃杯，一截黑色，一截奶油色，看起來賞心悅目。攪拌後再喝，口感滑順。

欧洲

EUR

TOP 5 Coffee TOWNS
咖啡城市

OPE

倫敦 LONDON

英國首都喜愛精品咖啡，風格跟倫敦匯集的各國人口一樣多元：從去紐澳人士開設的店朝聖小白咖啡到道地義式風格，再到提供傳統咖啡儀式的衣索比亞咖啡館，或白領人士愛久待工作的，應有盡有。當然，menu 上也永遠都會有茶。

伊斯坦堡 ISTANBUL

想要沈浸在咖啡的故事與土耳其文化中，最快的方法就是小口啜飲口感濃郁又甜蜜的土耳其咖啡。土耳其咖啡已被聯合國教科文組織認定為世界非物質文化遺產，再加上熱衷於第三波咖啡浪潮的烘豆師及咖啡師，帶來多層次的咖啡體驗。

杜林 TURIN

義大利既然是義式濃縮咖啡機的發源地，同時也是將咖啡帶入歐洲的國家，自然不缺美味咖啡。不過杜林之所以會入選，是因為這裡有年輕人進步的活力，也很願意在維護義式深培濃縮咖啡的同時，嘗試新的技術。

奧斯陸 OSLO

北歐人喜歡淺焙咖啡，奧斯陸喜歡的更淺，卻又同時充滿果香。這裡的咖啡師在烘焙、萃煮時，彷彿像是米其林星級主廚講究精準又熱情洋溢。事實上，奧斯陸有些餐廳還有自己的烘焙師，到 Tim Wendelboe 展開你的咖啡課吧！

維也納 VIENNA

世界上沒有任何其他城市跟奧地利首府一樣深受咖啡影響。在這裡，富麗堂皇的咖啡廳會營業到半夜，用小小的銀盤為你送上一小塊歷史跟蛋糕。現在維也納出現新形態的咖啡館，正在挑戰這些富麗堂皇的老店。比起裝潢，他們更重視咖啡豆的來源及烹煮技術。

奧地利

如何用當地語言點咖啡？ Ein Kaffee, bitte

最有特色咖啡？ 米朗琪（Melange）：這是維也納版
的卡布奇諾。咖啡當中加了牛奶，有時候還會擠
上發泡奶油。

該點什麼配咖啡？ 一小片讓人不禁想放縱一下的
蛋糕（kuchen）或塔（torte）。

貼心提醒： 在比較傳統的咖啡廳，要等候帶位；
氣氛休閒的咖啡館就可以自己找座位。

跟很多膾炙人口的童話故事開頭一樣，
奧地利對咖啡的狂熱始於魔豆。先把
時間倒轉到 1683 年，回到維也納戰役。波
蘭與哈布斯堡（Habsburg）聯軍大敗鄂圖曼
（Ottoman）的侵略者，這些侵略者在倉促撤離
時太過匆忙，在城門口留下好幾袋咖啡豆。不
明究理的維也納人以為這些咖啡豆是駱駝芻
料，不過曾經派駐到土耳其的 Jerzy Franciszek
Kulczycki 軍官知道這些咖啡豆是寶藏，要經過
烘焙，製成飲料後搭配牛奶跟糖飲用。哈布斯
堡家族與上流社會為之瘋狂，而故事之後如何
發展，就人皆皆知了。

利用這些小小的咖啡豆，奧地利發展出完
整的咖啡文化：維也納與其他都市開始出現

咖啡館，詩人、哲學家、音樂家與藝術家蜂
擁而至。咖啡館（Kaffeehaus）成為社會的縮
影，人們在這裡談天、閱讀、寫作、做夢、
玩遊戲、享用美味糕點；這些咖啡館也完美
詮釋奧地利特有的「gemütlichkeit」——一
種懷舊、溫暖又歡樂的感受。

但是，隨著奧地利擁抱單品咖啡與少量烘
焙的時代精神（zeitgeist），這裡的咖啡也正
在改變。在傳統咖啡館中品味咖啡，不管店
家的裝潢是簡陋、華麗，是波希米亞還是洛
可可風，你喝到的咖啡都代表著奧地利的歷
史文化。不過，現在出現了一些小型烘豆坊
與咖啡館，把咖啡文化的重點重新聚焦到咖
啡豆的魔力上。

220 GRAD

Chiemseegasse 5（咖啡館），Maxglaner Hauptstrasse
29（烘豆坊），Salzburg;
www.220grad.com; +43 662 827 881

◆ 餐點 　　◆ 烘豆 　　◆ 課程
◆ 購物 　　◆ 咖啡館 　◆ 交通便利

220 Grad 位於薩爾斯堡舊城區的隱密角落，風格復古率性。踏進店裡會立刻聞到新鮮研磨烹煮的咖啡香，猶如一記難以抵擋的左勾拳。咖啡館內及露台上還有淡淡橘子香氣，不時聽到人們嗡嗡低語；唯一的例外是非常繁忙的早餐時間，咖啡館內人潮不斷。咖啡豆由附近的烘豆坊提供，也頗值得一探；店名叫「220」是因為這是最理想的烘豆溫度。技巧純熟的咖啡師現場烹煮來自中南美洲的配方豆，特調咖啡混合了可可豆、榛果和焦糖香氣，非常適合搭配蛋糕或甜點，例如酪梨蛋糕與巧克力塔。有興趣深入了解的人，可以參加咖啡館為時三小時的課程。

周邊景點
莫札特廣場（Mozartplatz）
莫札特是薩爾斯堡最知名的人物。這個位於舊城區中心，巴洛克風格的廣場不僅向莫札特致敬，廣場的石板上也有莫札特畫像。

大教堂區（DomQuartier）
薩爾斯堡大教堂區以巴洛克風格聞名，已被聯合國教科文組織列為世界文化遺產。到大教堂區一定要參觀主教官邸（Residenz）內的議事廳（state room）和藝廊，以及雙塔樓大教堂。

KAFFEE-ALCHEMIE

Rudolfskai 38, Salzburg;
www.kaffee-alchemie.at; +43 0681 20173143

◆ 餐點 　　◆ 購物
◆ 咖啡館 　◆ 交通便利

店名意為「煉金術」，因此這裡的咖啡也帶有奇妙的元素，位於薩爾察赫河畔，非常適合坐在人行道的座位享受咖啡。店主是挪威咖啡師培訓師 John Arild Stubberud，同時也擔任世界咖啡師大賽（World Barista Championships）與世界咖啡沖煮大賽（World Brewers Cup）的評審，不管是愛樂壓（AeroPress）濾壓咖啡，或是淺焙後充滿花果香的斯堪地納維亞咖啡（Scandinavian roast）都瞭若指掌。John 的足跡遍及全球，只為堅持以嚴格的標準向小農採購優質的公平貿易咖啡豆。若讓他暢談最喜歡的主題，可能會把品鑑用的咖啡風味輪拿出來給你看、來杯用 La-Marzocco GB5 半自動咖啡機烹煮的單品義式濃縮咖啡，或擺脫主流，泡杯帶著微微甜味的咖啡葉茶。

周邊景點
主教宮廣場（Residenzplatz）
這個雄偉的巴洛克式廣場是薩爾斯堡的驕傲和喜悅，不僅有宏偉的宮殿、街頭藝人、馬車，還有巨大的大理石噴泉Residenzbrunnen。

薩爾斯堡博物館（Salzburg Museum）
這座薩爾斯堡的旗艦博物館帶領訪客進入奇幻之旅，探索這座城市的過去和現在。館內有羅馬時期的遺跡，也有引人注目的王子及大主教肖像畫。*www.salzburgmuseum.at*

ALT WIEN KAFFEE

Schleifmühlgasse 23, Vienna;

www.altwien.at; +43 1 50 50 800

◆ 烘豆　　　◆ 購物
◆ 咖啡館　　◆ 交通便利

從納許市場（Naschmarkt）走入小巷，跟著你的鼻子走就會找到散發誘人香氣的 Alt Wien 咖啡館。咖啡館的烘豆坊在 2014 年因為附近居民抱怨香氣太重（無法想像居然會有人因此不滿），所以搬遷到其他地點。但要在維也納喝咖啡，Alt Wien 仍然是最佳選擇。這家名符其實的咖啡館，是 Christian Schrödl 的心血結晶，他從 2000 年開始就投入時間、精力和愛，不斷尋找優質、有機且符合公平貿易的咖啡豆。他的使命是什麼？——煮出維也納最棒的咖啡——僅此而已。

所有的努力都是為了一杯完美的咖啡——前面商店供應 250 克和 500 克的袋裝咖啡豆，後面的小吧台則讓你可以用幾塊錢就品嚐到無比美味的義式濃縮咖啡；Christian 是位純粹主義者，儘管他承認咖啡的口味因人而異、也不介意客人想加點牛奶，但他認為拿鐵會沖淡咖啡烹煮出來的藝術價值。他最愛的寶貝是 Loring Kestrel 烘豆機，烘焙出來的中焙黃金咖啡口感滑順；若要外帶咖啡，可以購買帶有可可及香草香氣、杏仁味和煙草調的牙買加藍山咖啡，或咖啡館的家常特調 Alt Wiener Gold，裡面有口味濃郁，香氣又恰到好處的阿拉比卡咖啡。

周邊景點

納許市場（Naschmarkt）

維也納的納許市場可說是不折不扣的食品盛宴，市場內到處都有咖啡館、熟食店、烤肉串攤販與食品小販，販賣的物品五花八門，從香料、乳酪、肉品到異國水果與蔬菜，應有盡有。

分離派展覽館（Secession）

展覽館頂部的華麗穹頂常被大家戲稱為「黃金白菜」，啟用於 1897 年的維也納分離派美術展覽中心，館內最知名的作品是克林姆畫風精緻的畫作《貝多芬帶飾》（Beethoven Frieze）。*www.secession.at*

Freihausviertel

這個古樸但創意十足的社區位於維也納時髦又活力充沛的第四區。到這裡散散步，探索這裡的咖啡館、藝術工作室、藝廊與熟食店。

奧圖‧華格納（Otto Wagner）

維也納新風格大師奧圖‧華格納在 Wienzeile 街上留下不可抹滅的痕跡。在這條美崙美奐的街道上，最引人注目的房子是 40 號的馬悠利卡公寓（Majolika-Haus），房屋牆上有釉面瓷磚和綿延不斷的花卉圖案。

© Heinz Holzmann

KAFFEEFABRIK

Favoritenstrasse 4-6, Vienna;
www.kaffeefabrik.at; +43 660 178 9092

◆ 烘豆　　◆ 購物
◆ 咖啡館　◆ 交通便利

Kaffeefabrik 是個徵兆，預告維也納正在邁向新鮮烘焙的未來。維也納的咖啡館通常以大型奢華吊燈聞名，但這裡卻反其道而行，店內裝潢現代、簡約，沒有多餘的擺設，大部分的死忠顧客都是學生。價格合理的精品咖啡以小批量在布根蘭邦（Burgenland）烘焙，讓這些來自蘇門答臘、印度、衣索比亞、厄瓜多、巴西與尼加拉瓜等地的公平貿易咖啡豆散發各自的獨特香氣。店內的 Dalla Corte Evolution──義式濃縮咖啡機中的絕品──以及兩台 Fiorenzato F64E 磨豆機，確保每杯咖啡都能完美烹煮。

粉刷成白色的的小型販賣區，也象徵著這家店的風格──讓咖啡的品質説明一切。店主 Tobias Radinger 自己擔下確保咖啡品質的責任，不管是帶點花香和酸度的瓜地馬拉濕式處理再烘焙，或是氣味濃郁、有點辛辣又帶點巧克力味的蘇門答臘阿拉比卡咖啡；店內搭配的牛奶使用奧地利有機牛奶跟非乳製替代品，另外還有來自布根蘭邦的新鮮果汁可以補充維生素。咖啡愛好者可能會想多買幾包包裝精美的自有品牌咖啡，以及泡咖啡用的專業器具，例如：手搖陶瓷磨豆機、Hario V60 滴濾式咖啡機等。

周邊景點

維也納博物館（Wien Museum）

到這裡來了解維也納從新石器時代到 20 世紀的歷史，絕不能錯過的包含阿道夫·路斯（Adolf Loos）現代主義的起居室與分離派藝術家克林姆與席勒的作品。www.wienmuseum.at

美景宮（Schloss Belvedere）

來到這座為歐根親王（Prince Eugene）特別蓋的巴洛克式宮殿，你一定會因為宮內奢華的擺設而大吃一驚。宮內的濕壁畫廊內掛滿藝術作品，宮外的景觀花園則讓訪客可以飽覽維也納天際線。www.belvedere.at

卡爾教堂（Karlskirche）

維也納最宏偉的巴洛克式教堂，昂然兀立於卡爾廣場（Karlsplatz），擁有一座巨大的橢圓形穹頂，以及出自 Johann Michael Rottmayr 的精美壁畫。www.karlskirche.at

維也納金色大廳（Musikverein）

在這個富麗堂皇音樂廳所舉行的演出，每場都是盛會，這裡擁有奧地利最好的音響效果以及舉世聞名的維也納愛樂樂團。www.musikverein.at

克羅埃西亞

如何用當地語言點咖啡？

Mogu li dobiti kavu, molim vas?

最有特色咖啡？用矮杯裝盛的濃義式濃縮咖啡。

該點什麼配咖啡？一小杯當地釀製的烈酒 rakija。

貼心提醒：絕對不要各付各；邀你上咖啡館的人通常會付錢。

數世紀以來，三個有深厚咖啡文化的王國都曾為了奪得克羅埃西亞而發動戰爭，其中奧匈帝國曾經占領內陸、威尼斯人占據海岸，而鄂圖曼土耳其王國則是動不動就設法鯨吞蠶食。咖啡風潮從三個不同方向席捲而來，當地人實在別無選擇，只能點根淡煙，順手加點糖。

當地民眾通常習慣喝土耳其咖啡：用金屬鍋將磨得很細的咖啡豆、很多糖，加水一起用小火煮，直到濃度可以嚇死人。不過外地人比較偏好義式濃縮咖啡。

札格雷布（Zagreb）雖然因為受到奧地利的影響，有一些很奢華的維也納風格咖啡館，不過克羅埃西亞的咖啡文化其實講究人人平等、不分年齡，他們看待咖啡館的方式跟英國人看待酒吧的態度相同：人們會到咖啡館打發時間、讀報紙、跟朋友碰面、玩牌、看電視上的體育賽事轉播。就算你只點了一杯義式濃縮就坐在咖啡館內好幾個小時也沒關係，當地很多老先生都會這麼做。雖說老太太們大多成天待在家裡忙著煮飯跟打掃，克羅埃西亞的咖啡館可不是男性專屬的地點；常常會見到擠在一起開心聊天的少女，還有白領階級的年輕婦女在下班後跟朋友到咖啡館一起放鬆、聊聊這一天怎麼過。

天氣一變暖和，大家都會坐在咖啡館的露天座位上。這裡畢竟也算是地中海地區。在札格雷布，週六上午會有一大堆人聚集到達爾馬提亞（Dalmatian）海邊，懶散地散步，看看人群。當地人在陽光明媚的咖啡館露台上談天說笑的形象，是很典型的克羅埃西亞風情。

COGITO COFFEE SHOP

Varšavska 11, Zagreb;

www.cogitocoffee.com

◆ 餐點　　　◆ 課程　　　◆ 購物

◆ 咖啡館　　◆ 交通便利

若説來到札格雷布必須知道哪個字，答案應該是 kava（咖啡）；若要説該去哪裡喝咖啡，答案則是 Cogito Coffee。克羅埃西亞的咖啡文化一向與社交緊密連結，不管是要談生意、談分手、談八卦還是吵架，都要先點杯咖啡再説。正因為本地人熱愛咖啡，Cogito 的兩位創辦人（剛好都叫 Matija）決定讓大家談天時也順便談談咖啡豆。他們會跟大家談談咖啡的生產、烘焙和烹煮，了解要怎麼才能泡出一杯好咖啡。

Matija Belković 在波士頓念書的時候培養出對精品咖啡的熱情，並將這股熱情帶回克羅埃西亞；他曾經開設 Cafe U Dvorištu，這家充滿藝術氣息的咖啡館曾提供札格雷布最出色的咖啡。後來他跟當地最傑出的咖啡師 Matija Hrkać 合夥成立 Cogito，這家咖啡館很快就成為克羅埃西亞最頂尖的精品烘豆坊。兩位創辦人都全心投入，確保咖啡從種子到杯子的過程都維持高品質；他們會按季節，公開透明地向世界各地的熱帶咖啡豆產地購買新鮮咖啡豆，再到就位於 Cafe U Dvorištu 隔壁的自家烘豆坊烘焙。目前有四家咖啡零售店，兩家在札格雷布、一家在札達爾、一家在杜布羅夫尼克。若有機會造訪位於札格雷布的創始店，千萬別錯過口感滑順的 Tesla Blend，混合了最頂級的當季咖啡豆；或是口感濃郁的 Blackout Blend，帶點黑巧克力跟烤杏仁的香氣。阿芙佳朵（affogato）搭配當地手工冰淇淋 Medenko，也是熱門選項之一。

周邊景點

歐洲電影院（Kino Europa）

這家藝術電影院自 1920 年代便開始營業，是札格雷布最老的電影院，有波希米亞風格的咖啡酒吧，以及族繁不及備載的電影跟活動。*www.kinoeuropa.hr*

耶拉其恰廣場（Trg Bana Jelačića）

這裡可以説是札格雷布的重心。主廣場非常適合發呆看著人來人往，或到街邊的咖啡館找個位子，坐下來欣賞藍色電車呼嘯而過。

Vinodol

在這家指標級的餐廳大啖中歐美食，招牌菜是嫩煎羊肉或小牛肉搭配，用 peka（一種圓型烘焙蓋）烹調的馬鈴薯。*www.vinodol-zg.hr*

Dolac 市場

到札格雷布主要的菜市場逛逛水果與蔬菜攤。位置在耶拉其恰廣場北邊，還可以拍到色彩鮮艷亮麗的照片，並大啖美食。

賽普勒斯

如何用當地語言點咖啡？ Kypriakos kafes（賽普勒斯咖啡）／ena glyko（加糖）／ena metrio（半糖）／ena sketo（不加糖）

最有特色咖啡？ 用磨到很細的阿拉比卡咖啡豆烹煮而成的咖啡，不濾掉咖啡渣。

該點什麼配咖啡？ 一定會搭配一杯冰水。

貼心提醒： 不要點土耳其咖啡。在南部，點土耳其咖啡會讓某些人感到不悅或覺得受到冒犯。在綠線（聯合國緩衝區）北部則不必點明要土耳其咖啡。

賽普勒斯位於南歐、亞洲和非洲的交界處，也是中東的門戶，而這三大洲跟咖啡豆都有深厚的歷史和文化淵源。

這個地中海島國是個複雜又層次豐富的地方，有引人入勝的過去與非凡的現在。綠線（聯合國緩衝區）將這個國家一分為二，北邊以土耳其裔為主，南邊則是希臘裔為主。不過兩邊的人都同樣熱愛當地咖啡。

賽普勒斯是很受歡迎的避寒勝地，因此沿海的咖啡館和餐廳都很習慣為遊客提供平價的滴濾式咖啡跟卡布奇諾。不過，若你特別要求要點賽普勒斯咖啡（kypriakos kafe），或到山上或市區小巷內的傳統咖啡館，就會得到非常特別的咖啡體驗。

賽普勒斯咖啡非常有特色，烹煮跟上桌的方式都很慎重。咖啡館會把磨到很細的咖啡豆跟水（需要的時候還會加糖）混合，再以名為 mbrikia（或 briki/brike，土耳其文則是 cezve）的長柄銅鍋慢慢加熱，直到上方浮現乳狀的細緻泡沫。有些賽普勒斯人會讓泡沫浮出來好幾回，才把咖啡倒入跟義式濃縮咖啡杯差不多大小的杯中。

用這種方式烹煮出來的咖啡味道濃郁、又帶著讓人享受的苦澀，所以要小口啜飲，不要一口喝。在杯底會有厚厚一層咖啡渣沉澱。傳說這些咖啡渣可以用來占卜未來，我可以很有信心地預測：你一定會回來再點一杯咖啡。

YFANTOURGEIO

67-71 Lefkonos St Phaneromeni, Nicosia (Lefkosia);
www.facebook.com/Yfantourgeio; +357 99 409900

◆ 餐點
◆ 咖啡館

賽普勒斯有很多更時髦新潮的咖啡館，像是帕福斯（Paphos）的 Beanhaus 和利馬索（Limassol）的 Rich Coffee；但 Yfantourgeio（意為「織布廠」）卻能提供截然不同的體驗。位於全世界唯一兩國分治的首都舊城區中，Yfantourgeio 的牆上擺滿大部頭書籍（還有很多可以借閱的書），店內到處都有顧客邊啜飲咖啡邊下西洋棋。這裡的氣氛輕鬆宜人，會讓你覺得自己好像回到過去，為了沉思和談話來到咖啡館。對想要追尋知識的人來說，咖啡館是花幾毛錢就能讀的大學。

Yfantourgeio 營業至深夜，可以在這裡看電影、觀賞藝術展覽和欣賞即興音樂演奏，也可以購買各種茶品和現磨咖啡。當然，挑嘴的旅行者一定會選擇賽普勒斯咖啡。

周邊景點
萊德拉街（Ledra Street）

這條熱鬧喧嚷的購物大道剛好位在兩國分治的首都中間。上街加入購物人潮吧，不過通過 Lokmaci Gate 後就會進入北賽普勒斯（所以記得帶護照）。

尼柯西亞城牆（Walls of Nicosia）

1567 年，威尼斯人為了保護這座首都，建造了這座雪花型的城牆。儘管保護成效不張，三年後鄂圖曼帝國就成功入侵，但古城牆仍然值得一探。

ÖZERLAT CAFE

Arasta Sk, North Nicosia (Lefkoşa); www.ozerlat.com;
+90 392 227 2351（咖啡館）, +90 392 225 2238
（烘豆坊）

◆ 餐點　◆ 烘豆
◆ 購物　◆ 咖啡館

Özerlat 咖啡館位於 Büyük Han 和塞利米耶清真寺（Selimiye Mosque）之間，剛好就在綠線北邊，走幾步路即可到達萊德拉街上的 Lokmaci Gate（邊境）。這家家族咖啡館從 1917 年就開始烘焙、研磨、調合和烹煮美味咖啡，如今也在倫敦開設了分店。你可以參加店家安排到附近烘豆坊試飲和參觀的行程，活動期間會研磨並調合咖啡豆（包括巴西和哥倫比亞阿拉比卡咖啡豆）供顧客試喝。你也可以外帶新鮮或烘焙好的咖啡豆，或在外頭找位子坐下點杯咖啡，品項包含義式濃縮、卡布奇諾及常見的咖啡飲品，不過看著附近鄂圖曼帝國的宣禮塔和北尼柯西亞老城區的市集攤販，最佳選擇當然是土耳其咖啡。

周邊景點
Büyük Han

鄂圖曼帝國在 1572 年建造了 Büyük Han（意指「偉大旅店」，左頁圖）。這裡集合商務旅館和市集，還有一間迷你清真寺、噴泉，以及高級餐廳 Sedirhan，供應冰涼的 Efes 酒和美味的開胃小吃。

塞利米耶清真寺（Selimiye Mosque）

這裡原來是建於 1209 年的聖索菲亞大教堂。1570 年鄂圖曼帝國入侵，從威尼斯人手中奪走了賽普勒斯，並將大教堂改建成清真寺，並加蓋了兩座宣禮塔。

法國

大家都知道在法國，義式濃縮才是最合時宜的咖啡。但你如果知道法國人花了多久時間才終於愛上咖啡，一定會很驚訝。考慮到法國人天生就熱愛美食和美酒，你應該會覺得他們會非常樂熱衷於為咖啡添加各種風味，如可可、焦糖、杏仁、胡椒、花香等等；而且會樂於尋找用錢可以買到的最佳烘焙咖啡豆，煮出香氣四溢、精品等級的義式濃縮咖啡。但事實並非如此。法國的咖啡可能會讓人很失望，傳統咖啡館一直都安於現狀地提供相同的咖啡：拿一個濃縮咖啡杯，倒滿用次等羅布斯塔咖啡豆煮成、又黑又苦的咖啡。對他們來說，這樣的作法沒有什麼問題，因為他們認為法國的咖啡館文化包括大受讚賞的人行道露台、擠在一起的小酒館座椅、復古的鍍鋅吧台和閃耀的文學遺產。

在 17 世紀跟 18 世紀，法國往亞洲和西非殖民地找尋咖啡豆來源時，就開始使用已經被用到爛的羅布斯塔咖啡豆。所以在法國，真的用心追求精品咖啡的只有少數幾家新時代咖啡館和手工烘豆坊，通常經營者都是旅遊經驗豐富的咖啡師，而且都在國外磨練出精湛手藝或曾受到外國影響，但是他們仍然尊重傳統的法國咖啡烹煮方式，包括法國設計師 Mayer 與 Delforge 在 1852 年獲得專利的法式濾壓壺。這些咖啡館與烘豆坊與

眾不同的地方，在於他們會審慎採購咖啡豆，向全球各地的獨立咖啡小農購買並且手工烘焙優良的咖啡豆。比方布列塔尼本地的 Caffè Cataldi，以及位於巴黎、開創新風潮的精品烘豆坊 La Caféothèque，都很用心要讓法國人終於可以喝到優質咖啡。

L'ALCHIMISTE

12 rue de la Vieille Tour, Bordeaux;
alchimiste-cafes.com; +33 9 86 48 37 93

◆ 餐點　　◆ 購物　　◆ 烘豆
◆ 課程　　◆ 咖啡館　◆ 交通便利

波爾多人習慣喝優質美酒，畢竟這座優雅的城市位於炎熱的法國西南部加龍河畔（River Garonne），四周都是全球最棒的酒莊。但正如店名含意，店主 Arthur Audibert 就像一位煉金師出現了，這位將精品咖啡引進波爾多的烘豆師曾當過管理顧問、到過世界各地旅行，也是土生土長的波爾多人。曾在 2013 年到巴黎的 Coutume Café 向 Antoine Nétien 學習咖啡學問；現在則是像釀葡萄酒一樣，自己手工調製精品咖啡：用各種不同的咖啡豆，不同的配方搭配不同的烘豆方式，將生咖啡豆變成一袋袋不同香氣的優質咖啡。烘豆坊設在由三棟舊軍營庫房改造而成的 Magasin Général（地址：87 quai des Queyries），裡面有使用有機食材的休閒酒吧，也有適合大人的遊戲空間。精品咖啡館就在 Rue de la Vieille Tour 鋪滿鵝卵石的街道上，千萬別錯過義式濃縮搭配擠滿鮮奶油的 Dune Blanche 蛋糕。

周邊景點

葡萄酒博物館（La Cité du Vin）

到這所波爾多首創先例的葡萄酒博物館參加導覽，讓你的味蕾先做好準備。這棟位於河畔的建築外觀光彩奪目，很像一個酒瓶。導覽行程也包含葡萄酒試飲。
www.laciteduvin.com

水鏡廣場（Miroir d'Eau）

到這世界上最大的倒影水池邊，把頭髮放下來，好好放鬆心情。水池的正對面就是證交所的宏偉建築，水池上噴灑的水霧很有趣（很適合多拍幾張自拍）。

LA BOÎTE À CAFÉ

3 rue l'Abbé Rozier, Lyon;

www.cafemokxa.com; +33 4 69 84 68 50

◆ 餐點　　◆ 烘豆　　　◆ 課程
◆ 購物　　◆ 交通便利

店門邊的展示架上擺滿使用淡綠色包裝、非常好看的 Café Mokxa 咖啡，每一包都清楚標示原產咖啡農場、海拔、收成年分、烘焙年分以及誘人的試飲心得——杏仁蛋白糖、蜂蜜、零陵香豆、杏桃、茉莉……，顯然就是要讓咖啡愛好者一看到説明，就會立刻想喝喝看。

La Boîte à Café 彷彿是精品咖啡的展示櫥窗，就位於里昂新潮的十字帕凱（Croix-Paquet）區內，這些精品咖啡都是每週由巴黎除外法國最著名的烘豆坊 Café Mokxa 烘焙。在 2011 年開幕營運的 Café Mokxa，理念比多數法國咖啡館來得前衛，堅持要親自向巴西、哥倫比亞、薩爾瓦多等國的咖啡農購買咖啡豆，在自家烘焙坊烘焙以確保咖啡豆的來源純粹、品質優良，理念至今不變。

Café Mokxa 背後的功臣是法國人 Sadry Abidi 與紐西蘭人 Rosamund Morris James，這對創意十足的夫妻檔曾經住在巴塞隆納，到紐西蘭接受咖啡師訓練，並且很明智地決定來到以美食聞名的法國里昂開設咖啡館、烘豆坊與咖啡師培訓學校。他們的目標是要以精品咖啡搭配絕佳美食——這樣的想法似乎可行——咖啡師手腳俐落地操作 La Marzocco Linea PB 義式濃縮咖啡機、玻璃櫃內擺放著一瓶瓶冷萃咖啡，旁邊還有用胖胖瓶裝的有機蜜桃汁，以及一盤盤份量不小、由隔壁自家烘焙坊 Konditori 烘烤的花生醬餅乾、黑莓乳酪蛋糕跟肉桂香蕉麵包。

周邊景點

蒙特婁美術館（Musee des Beaux-Arts）

里昂這座美術館內有大師畢卡索、莫內、魯本斯、林布蘭特等人的傑出作品，讓訪客常常忘記美術館其實正對著里昂最美的廣場。www.mba-lyon.fr

紅十字區小巷道（Croix-Rousse Traboules）

到山頂上的紅十字區，探索迷宮般的小巷道。19 世紀時這裡是里昂絲綢產業的重心。

里昂人壁畫（Fresque des Lyonnais）

到河畔看看色彩鮮艷的壁畫，了解里昂的歷史：注意找找看里昂出身的知名主廚保羅‧博庫斯（Paul Bocuse）、金黃色頭髮的小王子，以及小王子的創作者安托萬‧迪‧聖修伯里（Antoine de Saint-Exupéry）等知名人物。

里昂老城（Vieux Lyon）

穿越索恩河來到里昂老城區；在這個中世紀世界文化遺產蜿蜒的鵝卵石小巷弄內，以及到處都有咖啡館的廣場上好好放鬆。

BELLEVILLE BRÛLERIE

10 Rue Pradier, 19e, Paris;
https://cafesbelleville.com; +33 9 83 75 60 80

◆ 購物　　◆ 烘豆　　◆ 課程
◆ 咖啡館　　◆ 交通便利

Belleville Brûlerie 從 2013 年開始便影響巴黎的烘豆坊，成為熱愛咖啡人士最重要的聚點。這家咖啡館隱身於巴黎東邊以藍領階級為主、文化多元的 Belleville 區，到處都是看起來一點都不起眼的鋼筋水泥建築，所以你得很細心才能找到這家充滿藝術氣息的烘豆坊，而且一週只有一天對民眾開放。週六上午會有很專業的杯測活動（請千萬不要擦香水），每一組會有八個人，坐在專門為了杯測活動而在塞爾維亞手工打造的大型訂製咖啡桌旁，人人拿著咖啡杯微微晃動、嗅聞咖啡的香氣、大口品嚐再吐出來。杯測活動會由知名烘豆師 David Flynn 跟 Thomas Lehoux 主導，這兩位名人開發出來的新法式烘豆法，已然改變過去廣受歡迎、深焙到又苦又焦的法式烘豆風格，現在可以品嚐到咖啡的果香、甘味及香料。等著大吃一驚吧！

周邊景點

貝爾維爾市場（Marché de Belleville）

在巴黎大概很難找到這麼多姿多采或這麼吵嚷的菜市場。這個從 1860 年就開幕的露天市場，每週二跟週五上午會出現在貝爾維爾大道（Boulevard de Belleville）。

貝爾韋爾公園（Parc de Belleville）

爬上這座位於山丘上的都市公園，享受 4.5 公頃的都市綠地，同時還可以看看腳下的巴黎美景。

© Albin Durand

COUTUME CAFÉ

47 rue de Babylone, 7e, Paris;
www.coutumecafe.com; +33 1 45 51 50 47

◆ 餐點　　◆ 烘豆　　◆ 課程
◆ 購物　　◆ 咖啡館　◆ 交通便利

跟附近左岸時髦的精品店相比，Coutume 顯得獨樹一格。這家創新的咖啡館兼烘豆坊位於一個寬敞通風的工業空間，以復古家具、熱帶植物和一張很長的咖啡吧台作為裝飾，店內咖啡師描述咖啡豆的熱誠會讓你聯想到侍酒師。這家咖啡館還是「數位排毒」運動的先驅，店內禁止使用筆記型電腦跟平板，目的是要鼓勵大家邊喝咖啡邊聊天。

店的後方擺放著高級烘豆機，旁邊一袋袋來自世界各地咖啡農場的咖啡豆，也供應給巴黎各處的咖啡館與餐廳。營業時間從早餐到午餐時間，廚房提供健康有機食品，例如甜菜薄片搭配塔布勒沙拉（tabbuleh）。咖啡

的部分，可以挑選 V60 濾杯咖啡、拿鐵、告爾多或當日用 Synesso Cyncra 手工壓萃的義式濃縮。咖啡豆會定期更動，同時也包含衣索比亞的 Demisse Endema 或巴拿馬的 Finca Deborah Gefha。

周邊景點

羅丹美術館（Musée Rodin）

這座莊嚴的宅第收藏大量羅丹的作品，包括《沉思者》。廣大的花園中也陳列許多雕像。www.musee-rodin.fr

樂蓬馬歇百貨（Le Bon Marché）

這座由居斯塔夫・艾菲爾（Gustave Eiffel）建造的建築，是全球第一棟現代百貨公司，同時也成為巴黎風格的象徵。這裡可以讓你擁有最極致的購物體驗；別忘了要到 La Grande Epicerie 走走，那裡可是美食天堂。www.24sevres.com

LOMI

3ter rue Marcadet, 18e, Paris;

www.cafelomi.com; +33 9 80 39 56 24

◆ 餐點　　◆ 烘豆　　◆ 課程

◆ 購物　　◆ 咖啡館　◆ 交通便利

觀光客很少漫步在治安不太好的蒙馬特區，但 Lomi 可是巴黎最讓人興奮的手工烘豆坊，不管是附近居民或慕名而來的愛好者，這裡隨時人潮滿滿。咖啡館看起來有點像廢棄老工廠：生鏽的金屬梁、斑駁的牆面、簡單的木桌與老舊的皮革沙發。後方的玻璃牆將烘豆坊跟實驗室分開，後者負責測試從超過二十個國家進口的當季咖啡豆，同時也舉辦杯測、咖啡師工作坊與義式濃縮課程。餐點簡單美味又新鮮，包括很難製作的 Cafe Fromag：將一小匙氣味濃烈的奧維涅藍紋乳酪（Bleu d'Auvergne cheese）淋入義式濃縮咖啡中。比較傳統的選項有 Gisuma——以 Chemex 過濾萃取來自盧安達的咖啡豆，口感鮮明、滑潤，帶點紅茶香。

周邊景點

聖心堂（Sacre-Coeur Basilica）

這座 19 世紀教堂位於蒙馬特山丘上，白色穹頂與塔樓乍看之下很像婚禮蛋糕上的華麗裝飾，可將巴黎的壯觀美景盡收眼底。

www.sacre-coeurmontmartre.com

Clignancourt 跳蚤市場

這個規模廣大的跳蚤市場每個週末都會吸引 3000 個攤商與 18 萬名訪客，從高價古董到便宜的小飾品應有盡有，你一定會找到想買的東西。www.marcheauxpucessaintouen.com

LOUSTIC

40 Rue Chapon, 3e, Paris;

www.cafeloustic.com; +33 9 80 31 07 06

◆ 餐點　　◆ 購物　　◆ 咖啡館　◆ 交通便利

店名自信十足（Loustic 布列塔尼語意指「聰明的 Alec」），裝潢又是由知名巴黎設計師 Dorothée Meilichzon 操刀，風格鮮明（請想像復古的愛馬仕壁紙搭配裸露石牆），還有好看的咖啡吧台。店主是來自倫敦的咖啡師 Channa Galhenage，2013 年決定在巴黎第三區的偏僻小巷 Rue Chapon 設立 Loustic 時，便堅決加入咖啡新浪潮；巴黎當時只有十幾家精品咖啡館，現在則已經有四十幾家。使用的咖啡豆是每天從安特衛普烘豆坊 Caffènation 進貨，也會跟歐洲其他烘豆坊合作；咖啡愛好者可以嚐試義式濃縮跟各種濾煮式咖啡（愛樂壓、Chemex 或 V60），最受歡迎的則是將冰塊、楓糖漿、冰涼全脂牛奶與雙份義式濃縮全部混合，倒入 250ml 的玻璃杯的 latte glacé（冰拿鐵）。

周邊景點

畢卡索美術館（Musée National Picasso）

這間美術館是 17 世紀優雅的宅院 Hôtel Salé（鹽宅）改裝而成，可欣賞名畫家畢卡索的畫作，這位西班牙藝術家曾經花很長的時間在巴黎居住工作。

www.museepicassoparis.fr

紅孩兒市場（Marché des Enfants Rouges）

走過綠色金屬大門，來到巴黎最古老（1615 年）的室內市場中，讓自己忘情迷失在由各種美食攤位組成的迷宮。

德國

如何用當地語言點咖啡？ Ein Kaffee, bitte
最有特色咖啡？ 拿鐵瑪奇朵或黑咖啡。
該點什麼配咖啡？ 這要看你人在哪個區域。在柏林的咖啡館可以搭配畢生吃過最美味的起司蛋糕。
貼心提醒： 要給小費。如果是付現金，直接把零頭往上加成最小的整數。

德國無庸置疑是歐洲最大經濟體，也是歐洲大陸的中心。雖然德國科技不斷創新、又能不斷製造出全球最棒的產品，但德國民眾有些特質，讓他們跟其他經濟同樣蓬勃發展的國家很不同。比方說，德國人至今仍然喜歡付現金；另外，他們也許會開保時捷跑車，但如果要買日常雜貨，還是會選擇到價格低廉的連鎖超市。而德國咖啡的發展也比不上其他像英國或北歐等歐洲國家，境內有一些不錯的咖啡品牌，但沒什麼

咖啡連鎖店，唯一的例外是星巴克。不過，近幾年來，柏林開始重視顧客對精品咖啡的要求與讚賞，並出現大批第三波咖啡浪潮的咖啡館與烘豆坊；其他都市如漢堡、科隆、法蘭克福跟慕尼黑得多花點時間才能跟上這股浪潮，但也在緩慢但堅持地跟進。

探索德國欣欣向榮的咖啡產業以及各個獨立咖啡館很有趣，因為你可以順道欣賞德國各地一望無際與豐富多采的自然美景；從北邊的海洋，到南邊的阿爾卑斯山，從西邊的酒莊區到東邊的大湖，德國到處都有讓人目眩神醉的美景，而且每個區域都有自己的特色。

HAPPY BARISTAS

Neue Bahnhofstraße 32, Berlin;

happybaristas.com

◆ 餐點　　◆ 購物　　　◆ 交通便利

◆ 課程　　◆ 咖啡館

Happy Baristas 公認是德國首都最棒咖啡館之一，絕對讓你流連忘返。Roland Lodr 與 Marian Plajdicko 成功創造出一個讓人備感溫馨的場所，也不會因為提供優質咖啡就目中無人，因此常常讓人一試成主顧。最近開始提供氮氣咖啡，很適合在炎炎夏日坐在宜人的露台上好好享受。他們也提供課程，教你如何在家烹煮咖啡；而且創意咖啡品質精良，可以比擬柏林最棒的雞尾酒吧創造出來的雞尾酒。建議空肚子來，因為早餐也是人間美味！

周邊景點

東區藝廊（East Side Gallery）

這是柏林的地標之一，展示 101 幅畫作。從區隔東西德的柏林圍牆舊址走過來很近。

博克斯哈根廣場（Boxhagener Platz）

這個小小的廣場聚集了當地人、觀光客，也有很多行色匆匆的人。一到週末，這裡就會有很棒的食品市場（週六）跟跳蚤市場（週日）。

THE BARN

Schönhauser Allee 8, Berlin;

thebarn.de; +49 1512 4105136

◆ 餐點　　◆ 課程　　◆ 咖啡館

◆ 烘豆　　◆ 購物　　◆ 交通便利

Ralf Ruller 是柏林這家知名咖啡館兼烘豆坊的老闆，也是當地咖啡圈有名的叛逆分子。平常在咖啡館常見到的東西都被嚴格拒絕：例如嬰兒車、筆記型電腦、植物奶（牛奶替代品），還很可能因為這樣的作法得罪不少人。但在叛逆的背後，Ralf 其實敏感、仁慈又有抱負理想，他成功讓一個小小的蛋糕烘焙坊搖身變成重量級的精品咖啡館；現在還可以很驕傲地說，世界上有好幾家優質的咖啡館都使用他們家烘焙的咖啡

豆。Barn 咖啡館在柏林有三家分店，但建議直接找位於 Schonhauser Allee、有自己的烘豆坊與咖啡學院的這家分店；店內空間以質樸的木頭搭配北歐時尚。

周邊景點

Pfefferbräu

位於高於街道的位置，門口還有個美麗的鵝卵石廣場與大樹，這個本地的釀酒廠兼餐廳提供很棒的啤酒跟德國料理。

文化釀酒廠（Kulturbrauerei）

絕佳的工業空間改造而成的多功能文化中心，時常舉辦演奏會、戲劇表演、市集及其他活動。

ERNST KAFFEERÖSTER

Bonner Straße 56, Cologne;

www.ernst-kaffee.de; +49 221 1682 3207

◆ 餐點　　◆ 課程　　◆ 咖啡館

◆ 烘豆　　◆ 購物　　◆ 交通便利

Maren Ernst 剛開始在科隆南區（Cologne's Südstadt）開設這家小小的咖啡館兼烘豆坊時，大家都覺得她很怪。她提供的咖啡品項跟當地常見的咖啡很不同，所以當地民眾花了好一段時間才跟她變得比較熟絡、也開始接受她的理念。現在 Ernst Kaffeeröster 已經比原先的規模更大。在這個明亮又友善的咖啡館內，所有的一切，包括沙發都是手工製作，而且每杯咖啡都美味無比。去年年底，這個小小帝國又再度擴充，在科隆市另一區增設了一個產量很大的烘豆坊，以應付人們對其美味單品豆與義式濃縮配方豆的需求。

周邊景點

科隆大教堂（Cologne Cathedral）

這座歌德式建築大作是德國訪客數最多的地標，也是歐洲最宏偉壯觀的教堂之一。*www.koelner-dom.de*

路德維希博物館（Museum Ludwig）

這座世界級的現代藝術博物館位於科隆大教堂旁邊，收藏德國最出色的一些藝術作品。*www.museum-ludwig.de*

BALZ & BALZ

Lehmweg 6, Hamburg;
www.balzundbalz.de; +49 40 6043 8833

◆ 餐點　　◆ 購物　　◆ 交通便利
◆ 課程　　◆ 咖啡館

在德國第二大城，精品咖啡的發展不像柏林那麼蓬勃，但有幾個人開設了很棒的咖啡館，提供優質精品咖啡與美味無比的家庭料理，其中便包含了兄妹檔 Chris 與 Kathrin Balz。

Chris 其實曾在柏林居住很多年，在首都的雞尾酒吧工作，後來才到 Roststatte Berlin 取得自己的咖啡師資格。他跟妹妹考慮要開設自己的咖啡館，決定要找一個還有很多發展空間的都市，選擇來到漢堡定居顯然是很棒的決定，因為漢堡後來很快成為德國最受歡迎的旅遊景點。

這家舒適的咖啡館兼餐館就位在漢堡市繁忙的 Hoheluftchaussee 大道旁，面向宜人的 Isebeekkanal 運河。Balz & Balz 提供的所有餐飲幾乎都是在地採購，連香腸都是 Balz 自家農場生產的；這裡的湯品、蛋糕跟三明治都會讓人垂涎三尺，再加上 Chris 利用 La Marzocco Strada 咖啡機烹煮出猶如魔法的咖啡，來到這家家庭式咖啡館，一定能讓你享受美好時光。他們最近也增加了室外座位，地點選得很好，可以曬點太陽同時大啖店內各種精緻的蛋糕。

周邊景點

外阿爾斯特湖（Aussenalster）

如果要說有什麼戶外活動可以同時吸引漢堡居民與外地訪客，無疑就是繞著漢堡市這座大湖散散步。可別錯過這裡的美好景致。

Poletto Winebar

這是漢堡市內最棒的義大利餐館，所以人潮絡繹不絕。到這裡嚐嚐新鮮的前菜跟美味的主菜，再搭配美酒。*poletto-winebar.de*

Sternschanze

這個新興的社區到處都是精品小店、酒吧跟餐廳，處處有驚喜。

易北愛樂廳（Elbphilharmonie）

漢堡回應雪梨歌劇院而蓋的這座音樂廳極為壯觀，也是歐洲境內最大的市內建築珍寶。

COFFEE NERD

Rohrbacher Str 9, Heidelberg;
www.coffeenerd.de

◆ 餐點　　◆ 咖啡館
◆ 購物　　◆ 交通便利

多數到德國的訪客遲早都會來海德堡。每到夏天，城內的主要街道 Hauptstrasse 就會擠滿觀光人潮，常常沒辦法好好從街頭走到街尾。來到這裡的訪客期待欣賞這座美麗中古世紀城市的建築、古老城堡與內喀爾河的壯觀美景。但除了城市景觀很迷人，也有創立於 1386 年，德國最古老、最廣為人知的海德堡大學。

Coffee Nerd 的創辦人 Thomas Mohr 出生於海德堡，後來到柏林在企業界工作了好幾年，透過柏林的 Bonanza Coffee Roasters 跟 God Shot 接觸到精品咖啡。因為覺得精品咖啡非常迷人，他決定把工作辭掉，回到家鄉海德堡開設了自己的咖啡館。

剛開始費了很多功夫，希望讓當地消費者接受帶著果香的義式濃縮跟帶點花香的濾壓咖啡，幸好海德堡的學生跟外國訪客都很喜歡他的咖啡。現在的 Coffee Nerd 有各種不同類型的顧客，同時提供當地最美味的濃縮咖啡調酒。假如你剛好在溫度飆升到 30 幾度的炎炎夏日來到 Coffee Nerd，這杯舒爽宜人的飲料會立刻讓你感覺清涼。

周邊景點

海德堡城堡（Schloss Heidelberg）

踏上這座半為遺跡的城堡，就可以看到周圍的壯麗景致與市中心全貌，所以可別錯過！www.schloss-heidelberg.de

Alte Brucke

如果你不愛登高，或比較喜歡到浪漫的河畔散步，那橫越內喀爾河的這座老石橋就可讓人看到美不勝收的日落美景。

Mahmoud's

這家樸實的黎巴嫩餐館物美價廉，有各種小點組合，包括油炸鷹嘴豆餅、鷹嘴豆泥、香芹薄荷沙拉跟哈羅米起司。
www.mahmouds.de

Weinloch

這家酒館有很多有趣的酒客跟學生，來這裡享用好喝的生啤酒跟各種本地釀的葡萄酒。

MAN VERSUS MACHINE

Müllerstrasse 23, Munich;

mvsm.coffee; +49 89 8004 6681

◆ 餐點　　◆ 課程　　◆ 咖啡館
◆ 烘豆　　◆ 購物　　◆ 交通便利

還好有這家店，雖然考慮到慕尼黑是德國第三大城，也是 BMW、十月啤酒節跟蝴蝶餅的發源地，我們還是很難理解為什麼慕尼黑只有兩家精品咖啡兼烘豆坊。這家本地咖啡先驅為巴伐利亞邦首府提供美味、帶著果香的咖啡；正如夫妻檔團隊 Marco 和 Cornelia Mehrwald 很喜歡不時強調的：咖啡是一種果實，根本不應該喝起來很苦。

這家咖啡館位於慕尼黑舊城區南邊一條時髦的街道上，因為 Marco 把一台 Probat 烘豆機擺在這家溫暖舒適的咖啡館後方，所以可以提供精緻的義式濃縮咖啡、美味的滴濾式咖啡，甚至還有自家製的咖啡巧克力條。

周邊景點

德意志博物館（Deutsches Museum）

沿著伊薩爾河（Isar river）散步來到這座科技殿堂，館內有許多互動展示品，也有引人入勝的洞穴壁畫、大地測量學、微電子學與天文學展示區。*www. deutsches-museum.de*

雅各帳篷會堂（Ohel Jakob Synagogue）

這座向本地猶太社區致敬的建築是建築珍寶，也不斷提醒世人德國過去的歷史傷痕。*www.ikg-m.de*

匈牙利

如何用當地語言點咖啡？ Egy kávét szeretnék
最有特色咖啡？ Presszókávé，很像義式濃縮咖啡。
該點什麼配咖啡？ 一杯氣泡水。不過，如果你來
到傳統的匈牙利咖啡館，店家提供甜點，那就點
蛋糕來搭配。

貼心提醒： 來一趟匈牙利咖啡館之旅，體驗不同
時期的咖啡館。記得一定要找一家古典咖啡館、
一家復古的 Eszpresszó，還有一家新浪潮咖啡館。

匈牙利人之所以會開始喝咖啡，是受
到 16 世紀時來到匈牙利的土耳其人影
響。長達 150 年的鄂圖曼統治結束後，留下
對咖啡的認識，以及一些土耳其用語，例如
kave 這個詞就是匈牙利語的咖啡。

但咖啡一直到 18 世紀才開始受到匈牙利
人喜愛，當時多瑙河畔的佩斯（Pest）開始出
現第一家咖啡館。不久後，咖啡就成為匈牙利
文化的核心，作家、藝術家與知識分子都
把城內咖啡館的大理石桌當成自己的家。到
了 20 世紀初，華麗的咖啡館，如 New York
Café 與 Gerbeaud 將喝咖啡這件事進一步提
昇，變成在黃金葉片與鏡牆照耀下的頹廢體
驗，不過這樣的時期並沒有維持很久。

共產主義讓匈牙利的咖啡文化重新回歸庶
民，Bambi Eszpresszó 等歡迎普羅大眾的咖
啡館都販售 Eszpresszós，華麗的裝潢不再，
取而代之的是油布地板、霓虹燈招牌，以及
一杯杯以玻璃杯盛裝的 presszókávé。咖啡
成為機能飲料，通常是很濃烈的黑咖啡，再
加一點牛奶調味，或是卡布其諾加一點鮮奶
油。

© photo.ua / Shutterstock；© Krisztina Ancza

再快轉到 21 世紀，咖啡的發展變得比較
多元。雖然現在布達佩斯可以看到精品咖啡
興起，但首都之外的區域，精品咖啡的發展
很緩慢。不過你會發現佩奇（Pécs）、塞革德
（Szeged）、德布勒森（Debrecen）跟埃格爾
（Eger）等城市現在也出現重視其咖啡與烘豆
的新浪潮咖啡館。儘管很多咖啡館都是進口
咖啡豆，幾家布達佩斯本地的烘豆坊，也讓
當地的咖啡愛好者可以嘗試本地烘焙的咖啡
豆。

KONTAKT

1052 Budapest, Károly körút 22;
kontaktcoffee.com

◆ 課程　　◆ 咖啡館
◆ 購物　　◆ 交通便利

Kontakt 是位於布達佩斯中央一個隱密庭院中的小咖啡館。這家店非常重視店內供應的咖啡，所以連糖跟甜味劑都不供應；當然，店家也不提供任何美式咖啡。Kontakt 專注於烹煮優質咖啡，店內的咖啡種類包括各種滴濾式咖啡跟香氣濃郁的義式濃縮咖啡，不過如果你想試一點不同的，可以嘗試 Roket：以淺烘的單品咖啡製成，經過 14 小時的冷萃，再經過多次過濾，最後才裝桶，並以氮氣龍頭供應，所以乍看之下比較像精釀啤酒而不像咖啡，最上頭會有一層很像麥酒色、濃密的厚泡沫，喝起來口感豐富滑順。

周邊景點

Szimply

　　如果你想以美味佳餚搭配咖啡，Szimply 餐廳就在咖啡館對面，提供豐富的早餐選項，從酪梨土司到燕麥粥都有。
www.szimply.com

Paloma Design

　　這個庭院四周都是設計工作坊，有各種匈牙利手工藝品，從珠寶、手提袋到鞋子都有。所有商品共由五十名以上的當地新銳設計師設計製作。
www.facebook.com/PalomaBudapest

MADAL ESPRESSO & BREW BAR

1136 Budapest, Hollán Ernő utca 3;

madalcafe.hu; +36 20 281 9691

◆ 餐點　　◆ 購物　　　◆ 交通便利

◆ 課程　　◆ 咖啡館

店名來自知名哲學家 Sri Chinmoy 的綽號，Madal 也有自己的哲學，他們相信「好咖啡，好因果」。

2013 年開幕以來，Madal 現在已經有三家分店；還有自家的烘豆坊，也就是 2014 年開幕的 Beyond Within。咖啡以典雅的木盤盛裝，盤上還印上店家的標誌。不管是單品義式濃縮咖啡、特調咖啡，還是愛樂壓（AeroPress）濾壓咖啡，都是由手藝精湛的獲獎咖啡師調製而成。

照片中這家分店位於 Hollán Ernő utca 行人徒步區的某個地下室，但店內還是讓人感覺明亮通風，也有室外露台可以容納人數比較多的團體。建議嚐試 Byond Within 單品咖啡烹煮的義式濃縮或奶味十足的小白咖啡。

周邊景點

瑪格麗特島（Margaret Island）

綠意盎然，汽車不能進入的這座島位於多瑙河中央，讓人想找個寧靜的角落來野餐，或散步逛逛中古世紀修道院的遺跡。

布達佩斯彈珠博物館（Budapest Pinball Museum）

這個古怪的互動博物館展示歐洲數量最多的復古彈珠台，有一群死忠愛好者。

www.flippermuzeum.hu

MY LITTLE MELBOURNE & BREW

1075 Budapest, Madách Imre út 3;
mylittlemelbourne.hu; +36 70 394 7002

◆ 餐點　　◆ 購物　　◆ 交通便利
◆ 課程　　◆ 咖啡館

在時尚的 Madách tér 區，到處都是強調食材從農場直送餐桌的餐館，以及店頭貼滿貼紙的酒吧。My Little Melbourne 則是布達佩斯精品咖啡先驅運動的重要堡壘。受到墨爾本的咖啡影響，創辦人希望能把澳洲最棒的咖啡帶到布達佩斯，因此在 2012 年找了這個 35 平方公尺的小小空間，設立了自己的咖啡館。

　　這家小小的咖啡館是匈牙利第一家精品咖啡店，也因此點燃布達佩斯的第三波咖啡浪潮。沒多久，這小小的店就發展成為咖啡商場，創辦人進一步擴充，把隔壁的空間變成 My Little Brew Bar，咖啡吧台邊擺了木製長板凳，讓客人可以坐在椅子上欣賞咖啡師如何一步步烹煮咖啡飲品。這家匈牙利第一家咖啡吧以 Chemex、V60、愛樂壓（AeroPress），以及像本生燈一樣的虹吸式咖啡跟冷萃咖啡架，讓咖啡愛好者有機會可以認識烹煮與滴濾式咖啡有多少種類。開店以來 My Little Melbourne 集團已經成為咖啡館的小小帝國，還開設了自己的烘豆坊 Racer Beans Coffee Co.。他們也會在 My Little Brew Bar 的地下室培訓想成為咖啡師的人，每月一次的杯測活動可以讓你品嚐無數種咖啡。

周邊景點

倫巴哈街猶太會堂（Rumbach Sebestyen）

　　這座 19 世紀的前猶太會堂離咖啡館僅一條街。奇特的新摩爾式建築有像宣禮塔的尖塔，裡面現在有很多展覽跟演奏會。

戈茲斯都庭院（Gozsdú Udvar）

　　走過這個通道，就會來到藏在前猶太區的一系列隱密庭院。裡頭現在到處都是酒吧跟餐館，有時候還會看到很奇特的古董市集。*gozsduudvar.hu*

廢墟酒吧（Szimpla Kert）

　　人都到猶太區了，當然不能錯過 Szimpla Kert。這是布達佩斯第一個廢墟酒吧，位於一棟破舊建築中，是很不尋常的酒吧。*www.szimpla.hu*

Printa Design Shop

　　這個環境友善時尚品牌的核心理念是升級再造跟永續設計，設計的商品也包含以布達佩斯為主題的禮品與絲網印刷。*printa.hu*

冰島

如何用當地語言點咖啡？Ég ætla að fá kaffi
最有特色咖啡？手沖黑咖啡。
該點什麼配咖啡？肉桂捲。
貼心提醒：不要因為有寶寶被放在咖啡館外的嬰
兒車內（不管天候如何）就大驚小怪，這在冰島
很正常！

冰島人熱愛咖啡。不只喜歡很濃的咖啡，喝咖啡的量還很大。咖啡在 1703 年被引進冰島，到了 1760 年幾乎每個家庭都有自己的磨豆機跟烘豆陶鍋可以直接擺在爐上烘豆；不過當時他們烹煮的咖啡主要是為了招待來訪的賓客，也就是來訪的牧師。雖然他們也會加一些乾燥的菊苣根到咖啡粉中添加苦味，不過這可能算不上什麼特別招待吧。慢慢的，咖啡變成冰島人日常生活的一部分，1850 年代更是成為工作時不可或缺的。到 1950 年代左右，因為工業烘豆機的出現，人們停止自家烘豆。現在所有的社交活動、商業會議、婚禮或生日宴會都一定會供應咖啡。

冰島近來在食物革命的影響下，人們愈來愈重視咖啡豆的來源是否符合道德、尊重原料，並且關注咖啡處理與萃取的技術。雖然以雷克雅維克的消費人數來看，這裡的咖啡館多到很誇張，不過當你在冰島境內長途旅行後，要找到優質咖啡館其實沒那麼容易。鄉間的咖啡館與服務區的咖啡吧台都會提供熱呼呼的滴濾式咖啡，同時在偏遠地區要找到拿鐵或卡布其諾的機會也愈來愈高，不過這些咖啡的品質就很難說；而且很多時候，可能都是全自動咖啡機煮出來的。第三大城哈布納菲厄澤（Hafnarfjörður）的 Pallett Kaffikompaní，以及冰島北部的阿克雷里（Akureyri），是首都以外少數可以找到優質咖啡的地點。

REYKJAVIK ROASTERS

Kárastígur 1, Reykjavik;

www.reykjavikroasters.is/en; +354 517 5535

◆ 餐點　　◆ 購物　　◆ 交通便利

◆ 烘豆　　◆ 咖啡館

這家咖啡館舒適宜人，會讓身在冰島的你忍不住要多待一會兒。一走進店內，就會聽到黑膠唱片播放的音樂，還會看到本地人坐在復古家具上編織圍巾。同時間你也會聞到從亮藍色的 6 公斤 Giesen 烘豆機飄散出烘焙新鮮咖啡豆的香氣，以及肉桂捲的誘人香味。

從 2008 年開幕以來（如果你在 2014 年前曾來過這裡，可能知道店名原本叫 Kaffismiðjan），Reykjavik Roasters 只從瓜地馬拉、哥斯大黎加、巴西、肯亞、祕魯、衣索比亞等地引進公平貿易咖啡豆並引以為傲。來自紐澳的顧客也可以安心，因為他們可依據顧客需求烹煮小白咖啡。此外也提供各種牛奶選項，但沒有低咖啡因咖啡，只有正經的優質咖啡。看一下展示架上琳瑯滿目的獎

座，就可以知道這家咖啡館在冰島的重要地位。Torfi Þór Torfason 是這家咖啡館的共同創辦人，2013 年曾贏得冰島咖啡師冠軍，同時也擔任這家店的首席烘豆師。

位於 Brautarholt 2 的分店有咖啡工作坊，店內裝潢也比較新潮，不過本地人都喜歡來本店。考慮到冰島的天候，等你來到店裡可能會很想來杯熱的咖啡溫暖一下，但如果想讓自己精神大振，可以點一杯 Shakerato 雙份義式濃縮加冰製成冰沙。

周邊景點

Dill

造訪這家米其林星級的新北歐餐廳，看看他們是如何讓全球開始注意到冰島料理。以冰島料理的傳統為基礎，加上主廚的創意發揮。www.dillrestaurant.is

哈爾格林姆教堂（Hallgrímskirkja）

雷克雅維克最引人注意的地標。來到這座宏偉的白水泥教堂，可以讓你看到雷克雅維克的全貌。搭電梯到 74.5 公尺高的高塔上，便可一覽無遺。en.hallgrimskirkja.is

Brauð & co

加入天亮前就跑來排隊的人潮，購買這裡最棒的肉桂捲。烘焙師傅離顧客很近，所以你可以邊排隊邊觀賞製作流程。www.braudogco.is

特約寧湖（Tjörnin）

雷克雅維克城內平靜的湖泊，湖畔有許多雕塑，同時還有 40 種鳥類來此棲息，所以很適合散步。冬季天寒地凍的時候湖上會有人溜冰。

© Kristinn Magnússon

義大利

如何用當地語言點咖啡？
Un caffè/macchiato/cappuccino/caffè latte per favore

最有特色咖啡？義式濃縮咖啡。

該點什麼配咖啡？白天可點一杯水，北部人喜歡加點一個早餐乳酪蛋捲，南部人喜歡牛角麵包。可以選擇原味（vuota/vuoto），或內餡包有奶油（crema）、果醬（marmellata）、蜂蜜（miele）、Nutella（能多益）的牛角麵包。

貼心提醒：要記得給小費，零錢就夠了。

義大利人熱愛咖啡的程度很容易讓人誤會是他們發明了咖啡。咖啡不是義大利人發明的，不過他們對咖啡豆的熱忱引爆全球無以比擬的咖啡文化。16 世紀，咖啡剛進口到威尼斯的時候，造成的轟動還差點讓政府決定禁止咖啡豆。這種被命名為「阿拉伯人的酒」的飲料，還曾被人認為是撒旦的發明。不過，當教宗克萊孟八世都承認自己愛喝咖啡，咖啡的汙名就快速消失。很快地，1683 年時，威尼斯的聖馬可廣場便出現義大利第一間咖啡館。

當時歐洲開始在殖民地栽種咖啡，所以咖啡豆的供應增加，價格下降，讓這個飲料愈來愈普及。咖啡浪潮影響到義大利半島上的所有城市，沒多久每個城市都發展出自己的咖啡風格。在特倫蒂諾（Trentino）要記得點威尼斯卡布奇諾（cappuccino Viennese），送上來的咖啡會有濃密奶泡，還灑上巧克力跟肉桂粉。來到馬爾凱（Marche），就要來杯茴香酒咖啡（caffè anisette），也就是帶著茴香香氣的義式濃縮咖啡。而在西西里，咖啡館都供應 caffè d'u parrinu，也就是以丁香、肉桂跟可可粉調味的咖啡。義大利也開始發展出自己的咖啡儀式。比方那不勒斯人流行「待用咖啡」（caffè sospeso），也就是你付兩杯咖啡的錢，但只喝一杯，把另一杯留給陌生人免費享用。

不過義大利知名的義式濃縮一直到 1906 年才出現，要感謝 Luigi Bezzera 跟 Desiderio Pavoni，他們逐步改良了由 Angelo Moriondo 在 1884 年發明的咖啡機。不過後來 Gaggia 又花了四十年才發展出現在大家比較熟悉的活塞式槓桿彈簧咖啡機。

義式濃縮咖啡背後的科技進步，在此之後就不斷為義大利勞動力提供活力。繁忙的工廠工人在早晨肚子空空，腦袋還不太清醒的時候，咖啡師高效率烹煮義式濃縮讓他們可以快速提神醒腦，配合工廠的上班時間，咖啡一定要快速上桌，而且要濃、要熱、要苦中帶甘，也要快速提神。

一直到 1930 年代之前，義式濃縮咖啡都

TOP 5
咖啡推薦

- **Gardelli**：La Esperanza Gesha
- **Lavazza**：Espresso Super Crema
- **His Majesty the Coffee**：Modoetia
- **Ditta Artigianale**：Jump Blend
- **Nero Scuro**：Numerouno

話咖啡：BRENT JOPSON

對義大利的咖啡發展來說，
現在正是讓人雀躍不已的時期。
改變正在發生，
而精品咖啡運動的背後
有真正的動力。

只用優質的巴西阿拉比卡咖啡豆，但隨著價格上揚，義大利的咖啡館開始尋找有類似特色、但較廉價的咖啡豆。他們發現羅布斯塔咖啡豆可以替代，因為混得好的話，味道會很像阿拉比卡，但咖啡因含量較高，喝完後苦中帶甘的味道更明顯。咖啡豆中加入羅布斯塔咖啡豆後，也使義式濃縮出現代表性的琥珀色泡沫，稱為 crema。更重要的是，因為羅布斯塔咖啡豆價格較低廉，義大利咖啡館可以持續以一杯一歐元的價格供應。

　　不過傳統也有缺點。義大利使用的配方豆、深培與快速又濃烈的義式濃縮咖啡，都恰恰與現今的精品咖啡運動背道而馳，義大利死忠的咖啡顧客因此很不喜歡精品咖啡的

創新模式；但 18 世紀的義大利咖啡正是以創新聞名。話雖如此，現在情況已經慢慢在轉變，這都要歸功於義大利第三波咖啡浪潮的種子咖啡烘焙師，像是曾經四度獲得義大利咖啡豆烘焙冠軍的 Rubens Gardelli 與咖啡培訓學院的培訓師 Davide Cobelli。他們不斷推廣單品咖啡，同時也不斷強化義大利咖啡文化既有對品質與新奇感的要求。

　　到弗利（Forli）的 Gardelli、羅馬的 Faro、布雷夏的 Estratto、米蘭的 Orsonero、佛羅倫斯的 Ditta Artigianale 跟杜林的 ORSO Laboratorio Caffè，尋找這些義大利精品咖啡的先驅，你會發現新的義大利咖啡文化，而且極可能會影響到下個世紀。

HODEIDAH

Via Piero della Francesca 8, Milan;
www.hodeidah.it; +39 02 342 472

◆ 餐點　　◆ 購物　　◆ 交通便利

◆ 烘豆　　◆ 咖啡館

一走入這家又小又不起眼的米蘭咖啡館，你就會進入咖啡的奇幻世界，彷彿回到往日。從 1946 年開始，穿著白襯衫、打著黑色領結的服務生便站在吧台後方；店內擺滿裝咖啡豆、茶葉、糖果的罐子，還有過去咖啡農場的黑白照片。在過去七十年間，這家咖啡館幾乎沒什麼改變，仍然以傳統與熱情對待咖啡，並由前店主的兒子繼續維持。這家小店的核心是烘豆藝術，偷瞄一下店的後方，會發現一台 1946 年就開始運轉的 Victory 烘豆機，到今天仍然繼續運作。這台烘豆機的烘焙方式跟現代烘豆機不太一樣，會以煤炭慢慢烘焙咖啡豆；這樣的方式需要具備時間跟技巧，才能依據咖啡豆的狀況進行調整。

你可以選擇他們的家常配方豆（裡面有些原料是家族機密）或單品咖啡，例如牙買加藍山，以及來自巴西、印度、衣索比亞跟瓜地馬拉的 100% 阿拉比卡咖啡豆。可以把咖啡豆帶回家，也可以直接到咖啡吧台享用；跟著當地人點一杯 un cafe（義式濃縮），再搭配一個 brioche（牛角麵包）。

周邊景點

米蘭紀念墓園（Cimitero Monumentale）

這個引人注目、到處都是大理石的墓園，是米蘭許多知名人士安息之處，包括文豪、藝術家以及足球選手。

www.comune.milano.it

La Fabbrica del Vapore

這裡過去是電車工廠，現在則改裝為工業風藝術文化中心。到裡面看看不時會更換的展覽、電影、戲劇跟音樂會。

www.fabbricadelvapore.org

和平之門（Arco della Pace）

這座宏偉的新古典主義拱門就位於森皮奧內公園旁，建於 1807 年，原本是要紀念拿破崙戰勝，但後來拿破崙戰敗後，這座拱門就變成和平象徵。

中國城（Chinatown）

來看看義大利最大也最古老的中國城，不但有好吃的水餃、閃閃發亮的珠寶跟便宜的科技產品，還有很多時髦酒吧。

GRAN CAFFÉ GAMBRINUS

Via Chiaia 1-2, Naples;

grancaffegambrinus.com; +39 02 342 472

◆ 餐點　　　◆ 交通便利

◆ 咖啡館

1806 年創立後，這家歷史悠久又華麗的咖啡館成為知識分子與文學家最喜歡聚會的所在，大文豪海明威與奧斯卡·王爾德（Oscar Wilde）曾經最喜歡待在這個有故事的地方。一直到 1938 年，墨索里尼以此地為反法西斯主義據點為名把它關閉；本來咖啡館可能就這麼消失，但幸好 Michele Sergio 在兩個兒子跟女婿的協助下，努力實現了自己的夢想，讓這個空間再度找回往日的風光。現在觀光客與本地民眾都會成群湧入這個裝潢華麗、牆上滿是壁畫的咖啡館，享用一杯杯那不勒斯義式濃縮咖啡，也就是又濃、又燙且口感濃郁的黑咖啡。他們家的糕點跟冰淇淋也很美味，不過有點貴。

周邊景點

那不勒斯王宮（Palazzo Reale di Napoli）

進入這座宮殿跟博物館，從巴洛克時期與新古典時期的家具、掛毯與畫作來了解波旁王朝的世界。

Galleria Borbonica

有誰會不想要探索由一位心感恐懼的國王交代要挖掘的地下隧道呢？後來這個隧道在二戰時期還被用來當成防空洞。

www.galleriaborbonica.com

LA CASA DEL CAFFÉ TAZZA D'ORO

Via degli Orfani, 84, Rome;

www.tazzadorocoffeeshop.com; +39 06 67 89 792

◆ 餐點　　◆ 購物　　◆ 交通便利

◆ 烘豆　　◆ 咖啡館

這間備受當地人敬重的「黃金咖啡杯」是 1948 年開幕的，此地可以感受到悠久的歷史卻不覺陳舊。咖啡館距離羅馬從廟宇變成教堂的萬神殿只有幾步路，外頭長長的販賣部讓人無法看到咖啡館內的裝潢：裡頭有擦得光亮的銅板與木頭鑲板以及身穿黑白色調的嚴肅咖啡師；一走進店內就會聞到往昔的味道混合了新鮮研磨中南美洲配方豆的香味。這裡供應完美無缺的義式濃縮咖啡與卡布奇諾，但店內最有名的是專為羅馬炎熱夏天設計的咖啡刨冰（granita di caffè）：以純粹、甜蜜的冰凍義式濃縮咖啡製成刨冰，上下都擠上奶油（panna），何樂而不為呢？

周邊景點

萬神殿（The Pantheon）

莊觀雄偉的建築，上方的穹頂朝向天空。你如果知道這棟建築已經有 2000 年的歷史，一定會更能體會這座從廟宇變成教堂的建築，真可謂是奇蹟。

特雷維噴泉（Trevi Fountain）

這個噴泉建築非常動人，有湧泉不斷的小瀑布，馬匹奔馳的雕塑，還有海神歐開諾斯（Oceanus）英勇神武地看著觀光客丟硬幣，確保他們未來會再回到羅馬。

SANT' EUSTACHIO IL CAFFÈ

Piazza di Sant' Eustachio, 82, Rome;

www.santeustachioilcaffe.com; +39 06 6880 2048

◆ 餐點　　◆ 購物　　◆ 交通便利

◆ 烘豆　　◆ 咖啡館

在羅馬，人們會以自己飲用的咖啡杯數來看時間。Sant' Eustachio il Caffè 儘管只有一個僅供站立的房間、再加上外頭幾張椅子，卻可說是義大利首都最受尊崇的咖啡館之一。1938 年開幕時，這家咖啡館的裝潢就是古典的曲線吧台與亮晶晶的咖啡機，恆久如常。這家咖啡館以柴火烘焙阿拉比卡咖啡豆，同時還以食譜完全保密的 Gran Caffè 聞名，咖啡師在烹煮的時候都會背過身去，讓顧客看不到魔法配方。烹煮出來的飲品不加奶但有暗色泡沫，咖啡因爆表而且很甜（如果你不想加糖，記得要先說 senzo zucchero），讓你精神為之一振，充滿活力地回到擁擠的街道上。

周邊景點

納沃納廣場（Piazza Navona）

這裡過去原本是羅馬競技場，但現在這座跟足球場一樣大的公共空間裝飾了巴洛克式噴泉，同時還可以在這裡觀察來來往往的人潮。

聖王路易堂（San Luigi dei Francesi）

這座教堂原來是 16 世紀時為法國人蓋的。由巴洛克時期的壞男孩卡拉瓦喬（Caravaggio）設計裝飾的聖堂，是教堂內最有名的景點，上頭有三幅大師傑作，描繪聖馬修的一生。*saintlouis-rome.net*

ILLY COFFEE FACTORY

110 Via Flavia, Trieste;
unicaffe.illy.com; +39 80 0821021

◆ 烘豆　　◆ 購物　　◆ 交通便利
◆ 課程　　◆ 咖啡館

 第里雅斯特是咖啡愛好者必遊之處。這個位於亞得里亞海邊歷史悠久的港口從 18 世紀就開始進口咖啡豆，如今進口量高達 250 萬袋，產地遍布全球咖啡農場。因此，這家由家族經營、世界最知名的咖啡品牌——Illy 會設在第里雅斯特一點都不稀奇。Illy 的獨特配方豆目前已在全球 140 個國家銷售，工廠座落在第里雅斯特的邊緣，有自己的咖啡大學，提供從咖啡師課程到咖啡經濟學、咖啡史與生物學等各類課程。不過，你也可以找個平常日預約有趣的一小時導覽，參觀選豆實驗室、烘豆坊，以及了解 Illy 聞名的加壓可回收咖啡罐是怎麼包裝，這些咖啡罐可以讓咖啡的誘人香氣維持一年。導覽結束時，還可試喝 Trieste Cappuccino，又稱 Capo in B，就是一小杯義式濃縮加上一點加熱全脂牛奶。

周邊景點

義大利統一廣場（Piazza Unita d'Italia）

第里雅斯特這個壯觀的廣場是歐洲最大的面海廣場，也是市民生活中心。廣場四周有豪華宮殿、教堂和華麗的新藝術咖啡館。

詹姆斯·喬伊斯博物館（James Joyce Museum）

這個小小的博物館是專門為了紀念愛爾蘭作家詹姆斯·喬伊斯而設立的。喬伊斯搬到第里雅斯特居住後，在這裡創作了《都柏林人》與《青年藝術家的畫像》。

www.museojoycetrieste.it

CAFFÈ AL BICERIN

Piazza della Consolata 5, Turin;
www.bicerin.it; +39 011 436 9325

◆ 咖啡館
◆ 交通便利

義大利的咖啡不喜歡太大的變化，不過杜林不這麼認為。這個催生了 Lavazza 咖啡的城市在 18 世紀曾扮演重要角色，使巧克力在義大利普及。同時這個城市還想出了 bicerin，讓咖啡與巧克力美麗相遇，盛裝在小巧又典雅的玻璃杯裡，再加上一層口感綿密的牛奶。這道喝起來又苦又甜的飲料，起源可能可以追溯到 Caffe Al Bicerin，一家 1763 年就在市中心開門營業的咖啡館。自此之後，許多名人都曾來到這家咖啡館，享受這裡的天鵝絨裝潢以及口感濃郁的咖啡飲品。其中包括作曲家賈科莫‧

普契尼（Giacomo Puccini）、作家亞歷山大‧大仲馬（Alexandre Dumas）、哲學家弗里德里希‧尼采（Friedrich Nietzsche）；現代的名人則有演員蘇珊‧莎蘭登（Susan Sarandon）。

周邊景點

聖母神慰朝聖所（Santuario della Consolata）

這座不拘一格的教堂位於咖啡館正對面，其建築風格包括羅馬式、拜占庭式、巴洛克式和新古典主義風格。www.laconsolata.org

聖殮布博物館（Museo della Sindone）

針對「聖殮布」這個真實性備受質疑的物品，大概沒什麼地方會像這個博物館一樣深入廣泛地研究。走進去的時候會覺得很好奇，離開時卻仍然一頭霧水。www.sindone.it

NUVOLA LAVAZZA

Via Bologna 32, Turin;

nuvola.lavazza.it; +39 011 23 981

◆ 餐點　　◆ 咖啡館
◆ 購物　　◆ 交通便利

1895 年於杜林創立的 Lavazza 是全球第六大咖啡烘焙公司；這家企業四代以來都由同一個家族掌管，同時宣稱他們發明了混合特調的概念，這也是 Lavazza 所有產品的鮮明特徵。

這家公司投入大筆資金要促進道德與經濟永續。Luigi Lavazza 研究中心是由全球五十多所咖啡學校組成的國際網絡，最新的計畫是獲得綠建築 LEED 認證的新總部。而該公司所謂的 Lavazza Cloud，則是由杜林 Borgata Aurora 區的建築師西諾・祖奇（Cino Zucchi）設計的產業復興計畫。Lavazza Cloud 占地超過 3 萬平方公尺，建築內包括辦公室、公司檔案館、Lavazza 發展史博物館、展覽空間，由植物學家卡蜜拉・扎納羅蒂（Camilla Zanarotti）設計的花園，以及一個展示 4 世紀時期教堂的考古區域，因為施工期間發現該考古遺址。

建築內最讓人興奮的是一家主要以玻璃裝飾的未來風格餐廳，開幕於 2018 年，由世界上最知名的分子美食家 Ferran Adrià 主導，同時由追隨 Adrià 的義大利主廚 Federico Zanasi 經營。這家餐廳秉持「食物民主」的理念，所以不要奢望會有什麼品嚐套餐。這裡提供主要採用當地食材烹煮的家庭美食。當然，因為是在義大利，所以建築內也有一個專門供應甜品與咖啡的空間。我們推薦 Lavazza Club。

周邊景點

埃及博物館（Museo Egizio）

這間博物館收藏了開羅之外很多重要埃及文物，包含拉美西斯二世的雕像這是世界上最重要的埃及藝術品之一。
www.museoegizio.it

安托內利尖塔（Mole Antonelliana）

這座 167 公尺高的尖塔是杜林的象徵，原本是要做為猶太教堂，但現在已成為廣受歡迎的電影博物館。*www.museocinema.it*

杜林主教座堂

（Cattedrale di San Giovanni Battista）

加入朝聖者的行列，拜訪杜林市區這座 14 世紀的教堂，裡面展示杜林裹屍布（複製品），據稱這塊布曾用來包裹耶穌的屍體。*www.duomoditorino.it*

Grom 冰淇淋

你在巴黎跟紐約也可以買到 Grom 的義式手工冰淇淋甜筒，但在它的發源地，冰淇淋舔起來就是特別美味。找找看有沒有 gianduja 口味（榛果巧克力）。*www.grom.it*

CAFFÈ FLORIAN

Piazza San Marco 57, Venice;
www.caffeflorian.com; +39 041 520 5641

◆ 餐點　　◆ 咖啡館　　◆ 購物　　◆ 交通便利

這是歐洲目前歷史最悠久且持續營運的咖啡館，1720 年在聖馬可廣場宏偉的行政官邸大樓（Procuratie Nuove）柱廊下開幕營業；也是當時歡迎女性光顧的咖啡館其中之一，因此，世界上最為聲名狼藉的獵艷高手卡薩諾瓦（Casanova）很喜歡來這間咖啡館消磨時間。內部裝潢看起來很像珠寶盒，觀光客來到這裡總會因為看到店內的濕壁畫、鍍金框的鏡子與奢華的氣氛而略感吃驚。穿著白色外套、打著領結的員工送卡布奇諾咖啡時，仍然會把咖啡放在銀色托盤上，端到顧客面前。若你想盡情享受，請找一個在廣場上的座位，點一杯義式濃縮慢慢喝，聆聽駐點的管弦樂隊演奏音樂，看著夕陽霞光照射到聖馬可大教堂的金色馬賽克。

周邊景點
聖馬可大教堂（Basilica di San Marco）

這是威尼斯最出色的大教堂，上方的穹頂是拜占庭式，教堂內外都裝飾彩色的馬賽克鑲嵌。*www.basilicasanmarco.it*

科雷爾博物館（Museo Correr）

跟 Caffè Florian 一樣位於行政官邸大樓內，這個卓越的博物館內有奢華的議事廳、古老雕塑與宗教藝術。*correr.visitmuve.it*

TORREFAZIONE CANNAREGIO

Rio Terà San Leonardo 1337, Venice;
www.torrefazionecannaregio.it; +39 041 71 63 71

◆ 餐點　　◆ 購物　　◆ 交通便利
◆ 烘豆　　◆ 咖啡館

這家 torrefazione（烘豆坊）內的一面牆邊堆滿黃麻袋，咖啡豆的香氣提醒來往的人，共和國時期的威尼斯可是將咖啡引進歐洲的重要功臣。威尼斯看起來或許是水都，但也可以說是咖啡之都；過去，在威尼斯共和國掌控東西航線的時代，咖啡、絲綢、香料及其他從船上搬下來的各種貨物都會來到這裡交易。

咖啡首次在威尼斯交易是在 16 世紀，因此，威尼斯有許多歷史悠久的咖啡館；不過 Torrefazione Cannaregio 是唯一僅存的烘豆坊，從 1930 年開始，持續為不想被觀光客擠爆的當地民眾提供專業烘焙的咖啡豆，讓他們可以在家用摩卡壺烹煮咖啡。常客與熱愛咖啡的顧客在櫃台邊排隊，笑容滿面的工作人員則販售一袋袋現買現磨的咖啡豆，以及精心烹煮的義式濃縮。這裡的餐點僅限一些糕點，不過你可以購買裹了巧克力的咖啡豆跟有咖啡味的乾燥義大利麵條回家。

記得一定要試試用招牌 Remér 配方豆烹煮成的義式濃縮咖啡，裡面混合了八種優質阿拉比卡咖啡豆，因此帶著巧克力香氣，但咖啡因含量較低。

周邊景點

Ca' Macana Atelier

這家歷史悠久的面具店掛著五花八門的古怪與精緻手工面具，持續傳揚威尼斯古怪的面具舞傳統。www.camacanaatelier.blogspot.it

威尼斯猶太博物館（Museo Ebraico）

來這裡了解在威尼斯歷史悠久的猶太社區非凡成就，再參加導覽行程，參觀猶太區（Ghetto）的猶太教堂。
www.www.museoebraico.it

猶太區（The Ghetto）

這個有大門的島嶼是世界上第一個正式的猶太區，由於這個地區過去曾經是個鑄造廠（義大利文為 getto），因此後來猶太區都叫 Ghetto（這個名字其實也有「貧民區」的貶義）。

Panificio Volpe Giovanni

這家小小的猶太烘焙坊不賣咖啡，但販賣猶太甜點，以及威尼斯最棒的 cornetti（義大利牛角麵包）。+39 041 715 178

CAFFÈ PIGAFETTA

Contrada Pescaria 12, Vicenza;

www.caffepigafetta.com; +39 044 432 3960

◆ 餐點　　◆ 咖啡館　　◆ 購物　　◆ 交通便利

從口感滑順的自家配方豆到國內外的知名烘豆坊，1976 年開始這家咖啡店便一直供應高品質特調咖啡。不論 Caffè Pigafetta 人潮如何聚散，店員總是親切招呼，具備豐富咖啡知識的年長員工會用熱情手勢向你提供各種選擇。各行各業的當地人不是匆忙地進來點上一杯慣喝的口味，就是選擇一天中較為寧靜的時段，在復古塑膠椅及 Formica 塑膠貼面的桌旁歇息。

菜單上列有二十五種咖啡和不同的混合式烈酒，包括一款具有巧克力風味的 Yemen Mocha Ismaili、加了蘭姆酒的提拉米蘇蛋糕以及傳統的愛爾蘭咖啡。但是千萬不要錯過濃厚、令人陶醉的 Caffè del Doge：這是一款由熱巧克力及發泡奶油所調製的咖啡，享用的最佳地點是在咖啡館的站立式吧台前。

周邊景點
領主廣場（Piazza dei Signori）
維琴察（Vicenza）的領主廣場是當地居民主要活動場所。周圍是悠閒漫步的家庭、繁忙的咖啡館以及由雄偉石灰岩所建成的帕拉迪奧巴西利卡（Palladian Basilica）迴廊（左頁下圖）。

奧林匹克劇院（Teatro Olimpic）
這座橢圓形文藝復興時期的劇院，是以羅馬圓形競技場為模型所建成，包含一座具有視覺陷阱效果的舞台，給觀眾一種街道穿牆、延伸的錯覺感。www.teatrolimpicovicenza.it

挪威

如何用當地語言點咖啡？ Kan jeg få en kaffe?
最有特色咖啡？經典、淺烘焙的濾煮式黑咖啡。
該點什麼配咖啡？挪威鬆餅配奶油和果醬。
貼心提醒：可以和當地人討論挪威的美景，但是
千萬不要提到捕鯨的敏感話題。

就像其他斯堪地那維亞鄰國一樣，挪威是一個飲用咖啡已有三百年歷史的國家。17 世紀晚期，第一批咖啡豆進口到挪威沿岸，一開始，咖啡只被挪威貴族、商人以及上流人士所獨享；然而到了 18 世紀晚期，挪威已經成為歐洲每人平均飲用咖啡比例最高的國家之一，有一部分要歸功挪威全球貿易及航運的悠久傳統。如今，飲用咖啡已成為挪威人的民族性裡不可抹滅的一部分，在這個擁有永晝的國度，當白天和黑夜的界線大多是模糊不清時，對於許多人會訴諸一杯好咖啡以保持清醒這件事，或許無需感到驚訝。

挪威咖啡其中一項特別的傳統是「淺焙」。在這個過程裡，咖啡豆只用更短的時間來烘焙並帶出所具有的水果風味、香甜氣息以及通常需要較長時間烘焙才能散發出的多層次口感。這種烘焙方式在挪威內陸很受到歡迎，因為在日趨擁擠的咖啡市場裡，咖啡豆烘焙坊想要為產品做出區隔。

挪威的現代咖啡文化起源於 1990 年代晚期，像 Stockfleths 和 Gødt Brod 的咖啡連鎖店則處處可見，但是獨立咖啡店仍依然持續蓬勃發展。

KAFFEMISJONEN

Øvre Korskirkeallmenning 5, Bergen;
www.kaffemisjonen.no; +47 4505 0360

◆ 餐點　　◆ 咖啡館　　◆ 課程　　◆ 交通便利

不管在咖啡或其他事情上，奧斯陸很容易就搶走挪威其他城市的鋒頭。但是當我們離開首度來到卑爾根（Bergen）冒險，你會發現鎮上至少有兩家很棒、值得造訪的咖啡店——Kaffemisjonen（KM）和它的姊妹店 Blöm。2007 年第一家開張的 KM，明亮的咖啡沙龍距離城市迷人的漢薩聯盟（Hanseatic）港口只有幾步之遙；他們經營的信念是「為顧客呈上好咖啡」，也落實在味道極佳的濃縮咖啡、高品質濾煮咖啡、絕佳的牛奶系列、豐富的咖啡課程，以及美味、由卑爾根著名的 Colonialen 烘焙坊所供應的餡餅……等各方面。咖啡館的格子磁磚地板、深藍色的牆壁以及面向街道的窗戶等內部陳設也相當可愛。

周邊景點
卑爾根魚市場

幾世紀以來，豐富的海產一直是卑爾根賴以為生的珍寶，這座港口旁很棒的魚市場絕對是來此的必訪之地；龍蝦捲很受到歡迎。
www.visitbergen.com

布呂根（Bryggen）

這是一處被列為世界文化遺產的區域，也是卑爾根的歷史中心。你可以參加導覽行程，漫步參觀搖搖欲墜的木造房屋群以及碼頭邊的倉庫。*www.bymuseet.no*

SUPREME ROASTWORKS

Thorvald Meyers gate 18A, Oslo;
www.srw.no; +47 2271 4202

◆ 餐點　　◆ 購物　　◆ 交通便利
◆ 烘豆　　◆ 咖啡館

「不用懷疑，這裡只有好咖啡。」這句簡單的廣告標語概括了這家在奧斯陸 Grünerløkka 波西米亞區的咖啡及微型烘豆坊，2013 年開幕的這家新咖啡店已經迅速變成奧斯陸咖啡愛好者朝聖處之一。誠如 Supreme Roastworks 的信念，在這裡一切從簡——店裡只有幾把椅子、音響以及擺在後頭的烘豆機、一座咖啡櫃台和用復古、拼貼字母公告今日咖啡的黑板。

就像許多斯堪地那維亞的烘豆坊一樣，不論是用於濃縮咖啡或是濾煮式咖啡，Supreme 的咖啡豆傾向單一烘焙的風味，這讓咖啡喝起來有種清爽的口感，並讓更多果香的前韻可以融入杯中。可以試試用自然方式製成的咖啡，像是衣索比亞或是巴西的手沖咖啡。

周邊景點
Grünerløkka Bryghus 餐廳

在這家時髦的精釀啤酒廠裡，你可以沉醉在許多選擇中。這是 Grünerløkka 人週末經常流連之處。*brygghus.no*

St Hanshaugen 公園

點一杯外帶的咖啡並往西漫步，你會發現這座寧靜的城市公園——建於 19 世紀，並以俯瞰奧斯陸的景色而聞名。

TIM WENDELBOE

Grünersgate 1, Oslo;

www.timwendelboe.no; +47 4000 4062

◆ 烘豆　　◆ 咖啡館
◆ 購物　　◆ 交通便利

雖然他不是第一位得到世界咖啡師大賽首獎的挪威人（第一位挪威人是 2000 年的 Robert Thoresen），但是 Tim Wendelboe 仍可稱是引領挪威咖啡發展的重要推手。1998 年從 Stockfleths 開始他的事業，並成為挪威得獎最多的咖啡師：四次挪威冠軍、世界咖啡師大賽一金兩銀，以及一次世界咖啡杯測大賽（World Cup Tasting）冠軍。由於咖啡館的成功經營，他成立自己的同名商店，並於 2007 年開了位在首都奧斯陸時尚 Grünerløkka 區的第一家烘豆坊。

在挪威咖啡圈，Wendelboe 的名字毫無意外地是一則傳奇，同名咖啡店已經成為奧斯陸咖啡行家的朝聖地。身為一名不喜張揚的代言人，咖啡館也同樣低調地位於 Grünersgate 一個普普通通的角落。建築本身混合了不花俏的木頭、磚塊以及仿古石材；咖啡則以美味、準確和精細而著稱，而杯測更是視覺上的饗宴。可以試試墨西哥 Chiapas 淺烘焙，這款帶有果香的咖啡是 Wendelboe 墨西哥探險之旅的新發現。不巧的是，Tim 最近很少出現在咖啡櫃台，因為他一直忙於建造一座全新烘豆坊，目標鎖定高端客戶，例如由超級主廚 René Redzepi 坐鎮的 Noma 餐廳。Wendelboe 先生，我們鄭重向你致敬。

周邊景點

Markveien Mat & Vinhus

這是在 Grünerløkka 可以享用到挪威料理的餐廳之一，具有典雅的氣氛以及舒適的地窖空間。*markveien.no*

Ny York

在這家二手衣物店，可以挑選幾件復古收藏品及經典款衣服。這是分散在 Grünerløkka 區的其中一家二手商店。*www.facebook.com/nyyorkoslo*

國家美術館

愛德華‧孟克（Edvard Munch）令人難忘的《吶喊》是瑞典斯德哥爾摩主要美術館最吸引人之處，但是這座博物館還典藏了孟克的許多畫作。www.nasjonalmuseet.no

孟克美術館（Munchmuseet）

這裡收藏著更多孟克的畫作。這座美術館是全世界藝術家油畫及圖畫最大的收藏處之一。*munchmuseet.no*

RISO MAT & KAFFEEBAR

Strandgata 32, Tromsø;
www.risoe-mk.no; +47 4166 4516

◆ 餐點　　　◆ 交通便利
◆ 咖啡館

北挪威距離北極圈南部只有幾百英里，麋鹿散步在冰封的荒原上，極光則從頭頂一閃而過，彷彿大自然已經決定為你施放一場煙火秀。身在極北的特羅姆瑟（Tromsø），為了晚上的極光探險，你正需要一些咖啡因來提神。採納鎮上居民的意見後，前往以極佳濃縮咖啡、美味的開放式三明治以及好吃自製蛋糕而聞名的 Riso 咖啡館；穿著時髦圍裙的咖啡店員、吵雜的談話聲以及摩肩擦踵的顧客為這裡創造出一種忙碌的氛圍，也為手沖咖啡的過程帶來戲劇性的成分，更不用說極富創意的拉花（我杯子裡的拉花是外星人嗎？）。從現在開始，還要等一會兒才看得到極光，那麼再來另一杯咖啡吧……也許來一杯濃烈的雙倍濃縮黑咖啡，色澤黑如極地的夜晚。

周邊景點

極圈導覽服務（Arctic Guide Service）

這家觀賞極光公司提供夜晚尋找極光的行程。如果你看不到極光，在第二趟旅程中可以享有折扣。www.arcticguideservice.com

特羅姆瑟荒野中心（Tromsø Wilderness Centre）

你可以學習如何駕馭由一群毛茸茸的哈士奇狗所拉的雪橇，並體驗美國作家傑克·倫敦（Jack London）所著小説《白牙（White Fang）》的世界。www.villmarkssenter.no

西班牙

如何用當地語言點咖啡？

Un café（義式濃縮）／cortado（告爾多咖啡）／con leche por favor（加牛奶）

最有特色咖啡？ Solo，意指義式濃縮咖啡。如果只說「Un café」，也會被自動解釋為要點 solo。

該點什麼配咖啡？

撒上糖粉的螺旋麵包（ensaimada）。

貼心提醒：如果不想被當成是觀光客，請不要在 11:00 過後點咖啡加牛奶。

西班牙人在飲用咖啡上起步相當晚，喝咖啡的習慣是由查理三世（Charles III）所引進（或者更精準地說，是他的義大利廚師在他 18 世紀中葉統治拿坡里時所傳入）；但是這個習慣很快就受到西班牙人的歡迎，也從美洲大陸的殖民地獲取相當高品質的咖啡豆。1764 年，拜義大利人所賜，在西班牙馬德里開了第一家咖啡館，這家名為 Fonda de San Sebastián 的咖啡館，也成為西班牙悠久傳統 tertulia（文化沙龍聚會）的搖籃，藝術家與思想家藉助咖啡因得以徹夜長談。有些當時受到知識分子青睞的偉大咖啡館，像是馬德里的 Café Gijón 或巴塞隆納的 Els Quatre Gats，迄今仍繼續營業。

在內戰時期，西班牙的咖啡業一蹶不振，此時 torrefacto 的烘焙方式也引進到西班牙：這是一種為了使咖啡豆膨脹及掩蓋極度苦澀的味道，在烘焙過程中加糖的烘豆方式。雖然許多酒吧及旅館依然會提供這種咖啡，但是這種烘豆方式正逐漸式微，而隨著第三波咖啡浪潮悄悄地在這座半島上取得進展，人們也盡量避免這種烘焙方式。精品咖啡店曾經是稀世珍寶，而咖啡店自己烘豆更是前所未聞，但是在過去幾年，西班牙的咖啡業已徹底改變。雖然在大城市以外的地方，你還是很難找到新鮮現磨的牙買加藍山咖啡，但是在大城市裡，這幾乎已成為每個美好早晨的熱門飲品。

CAFÉS EL MAGNIFICO

Carrer de l'Argenteria 64, Barcelona;

www.cafeselmagnifico.com; +34 933 19 39 75

◆ 購物　　◆ 交通便利

◆ 咖啡館

當你進到這座由家族第三代經營的咖啡烘豆坊時，可以在典雅的古董彩繪玻璃招牌下就聞到咖啡香氣。從 1919 年開始，這家烘豆坊便一直供應及研磨優質豆、並提供街上超過三百種的配方豆。知識豐富的員工會很樂意為來訪的客人介紹他們店裡所供應的四十多種特調咖啡。

使用的牛奶則是在地生產，每杯咖啡還會搭配上一片巧克力。雖然 menu 上的冷萃咖啡是新趨勢，但是擁抱歷史點一杯傳統的西班牙告爾多（Spanish cortado）咖啡試試。你可以坐在店裡為數不多的凳子上欣賞整面牆的骨董咖啡杯收藏，但這狹小的空間裡並不適合流連徘徊，認真啜飲咖啡，喝完就走人吧！

周邊景點

畢卡索博物館（Picasso Museum）

占地五棟中世紀豪宅的這座博物館（上圖），聚焦在畢卡索畫風形成時期作品，此時他正就讀於附近的美術學校。

www. museupicasso.bcn.cat

El Born 文化及紀念中心
（El Born Cultural and Memorial Center）

這座雄偉、由鐵及玻璃所建造而成的舊市場，保存了曾經被夷為平地創建城堡時發現的考古遺跡。elbornculturaimemoria.barcelona.cat

NØMAD CØFFEE

Passatge de Sert 12, Barcelona;

nomadcoffee.es; +34 628 566 235

◆ 烘豆　　　　◆ 購物　　　◆ 交通便利

◆ 課程（在烘豆坊）　◆ 咖啡館

咖啡大師 Jordi Mestre 肩負著讓咖啡受到如葡萄酒般尊貴待遇的使命。他說：「飲食文化正在改變，現在這裡愈來愈多人將早餐和中餐合在一起，而人們也在早上碰面而不只是晚上。」為此，他創立了 Nømad，除了供應世界一流的咖啡給其他咖啡館（在他位於 Poblenou 的烘豆坊烘焙），並且更進一步提供咖啡研習及諮詢服務。這家咖啡實驗室兼商店位在城市最美麗的街道上，擁有友善又不失莊重的氛圍，你可以自在地提出問題，但喝咖啡索取糖包免談。如果你剛好在巴塞隆納熱氣蒸騰的夏日來此拜訪，可以發現解暑的瓶裝冷萃咖啡。

周邊景點

加泰隆尼亞音樂宮（Palau de la Música Catalana）

和高第（Gaudi）同時期但較鮮為人知的西班牙現代建築大師 Puig i Cadafalch 是這棟美到過分的音樂廳規畫者。在這棟音樂宮裡，每個梁柱都有綻放的花朵，而整面牆看上去秀色可餐，就像可以吃下肚一樣。

www.palaumusica.cat

聖塔卡林納市場（Mercat de Santa Caterina）

人聲鼎沸及飄散的氣味就像是知名的博蓋利亞市場（Boqueria），但這座市場卻少了自拍桿及大排長龍的隊伍。你可以在這座美麗的市場大量採購野餐所需的食材。

www. mercatsantacaterina.com

HOT MENU

ESPRESSO 2
TALLAT 2,5
AMERICANO 2,5
CAPPUCCINO 2,5
FLAT WHITE 3

BATCH BREW 3
AEROPRESS 5

TETERE TEA 3
MATCHA 4
HOT CHOC 4

COLD MENU

NITRO 4
COLD BREW 4,5
GUEST COFFEE SLUSHY 3
ICED LATTE 5
AFFOGATO 4
CONO AFFOGATO 4
NITRO AFFOGATO 6
FRAPY 5
ICE CREAM 2,5/3

COLD BREW TEA 4
KOMBUCHA 5
COLD PRESS JUICE 4

RETAIL & STVFF

COOKIES 2

LONG SEASONAL 9
SINGLE ORIGINS 17

CHOCOLATE BARS 12

NØMAD COFFEE
ROASTED IN BARCELONA
ALWAYS

NØMAD
COLD
ROASTED & BREWED

SATAN'S COFFEE CORNER

11 Carrer de l'Arc de Sant Ramon del Call, Barcelona;
satanscoffee.com; +34 666 222 599

◆ 餐點　　◆ 購物　　◆ 交通便利

◆ 烘豆　　◆ 咖啡館

可以肯定的是，這間「撒旦」咖啡館大受歡迎是因為有一群「浮士德」般的追隨者，而這裡的「魔鬼」之所以能夠煮出絕佳的咖啡，則歸功於良好的科學萃取技巧及當地生產的咖啡豆。出身咖啡世家的店主 Marcos Bartolomé，血液裡似乎奔流著咖啡因，他從只離巴塞隆納半小時車程的小鎮 Castelldefels 採購咖啡豆，更對浸泡咖啡豆的水的味道非常挑剔。

踏入店內便能和咖啡師面對面，極簡主義的裝潢則是確保你在啜飲第一口咖啡時不會分心（牆上題文寫著：沒有 Wi-Fi，少説廢話）。想要讚嘆咖啡完美均衡的口感，可以點杯無需加牛奶和糖的冷萃咖啡。

周邊景點

大教堂（La Catedral）

怪獸形狀的石雕滴水嘴就附著在哥德式的大教堂上（左下圖），而彩繪玻璃窗戶則照亮宏偉的內部。可以爬上教堂塔樓欣賞 Barri Gòtic 區的全景。*www.catedralbcn.org*

主教橋（Pont del Bisbe）

巴塞隆納的 Barri Gòtic 區混和了羅馬時期的城牆、中世紀的房屋，以及 19 世紀的建築。但是最常入鏡的景點是這座建於 1928 年的華麗哥德式橋梁。

HOLA COFFEE

Calle del Dr. Fourquet 33, Madri；

hola.coffee；+34 910 56 82 63

◆ 餐點　　◆ 購物　　◆ 交通便利

◆ 課程　　◆ 咖啡館

Hola 咖啡館的兩位創辦人 Nolo Botana 和 Pablo Caballero 是替西班牙精品咖啡業注入活水的青年企業家最佳榜樣。如果你正馬拉松式地參觀首都兩座最令人印象深刻博物館：普拉多（El Prado）和索菲亞皇后藝術中心（Reina Sofia），他們位在 Lavapies 區的友善咖啡館便是一處可以造訪的地點。

Nolo 和 Pablo 是在為商業烘豆廠工作時認識的，之後幾年他們也替其他像是 Toma（頁 190）和 Federal 咖啡館工作過。在學習了一些從事貿易最重要的功課，包括高品質咖啡豆的烘焙後，這兩位好友決定自行創業並開設屬於他們自己的咖啡館。

Hola 座落在一條寧靜的街道上，也是各式美術館、瑜珈中心以及其他小型商店的所在地，是一處你每天上班途中都會造訪的地方。在一個以木造及外露磚牆所打造的空間裡，咖啡館提供了一些簡單的食物選擇，但是真正的明星還是咖啡。他們供應你最愛的濃縮咖啡、應有盡有的濾煮器具選項，旁邊那台批量滴濾機（batch brewer）還可以提供清涼的冷萃咖啡和各種客製咖啡。

如果你還需要更多的誘因才願造訪這家咖啡館，那麼，Pablo 曾在 2016 年贏得咖啡師冠軍。這也更加證明了這兩個人相當了解他們的咖啡豆。

周邊景點

索菲亞皇后藝術中心（Museo Reina Sofia）

任何對西班牙偉大藝術作品感興趣的人，包括畢卡索的《Guernica》，這座龐大的當代藝術博物館都是一處必訪之地。

www.museoreinasofia.es

麗池公園（Parque El Retiro）

這處漂亮的自然休憩所是馬德里最吸引當地人和訪客的地方。沒有什麼事可以比得上來這裡進行一趟悠閒的夕陽散步。

Chocolatería San Ginés 西班牙油條（Churros）

如果提到西班牙油條，那麼該搭配的飲品不是咖啡而是熱巧克力。你可以在馬德里最棒的地點享用它。*chocolateriasangines.com*

楚埃卡（Chueca）**夜生活**

楚埃卡是馬德里的同志區。這裡充滿了樂趣以及滿街快溢出來、充滿活力的酒吧，還有一大早就擠滿人的廣場。

TOMA CAFÉ

Calle de la Palma 49, Madrid;

tomacafe.es; +34 917 02 56 20

◆ 餐點　　◆ 購物　　◆ 交通便利

◆ 課程　　◆ 咖啡館

馬德里在精品咖啡上起步相當晚，但是這座城市卻在快速地收復失地。字面意思為「喝咖啡」的 Toma Café 是第一家供應馬德里人精品咖啡的店舖，而這種咖啡的味道，似乎很對馬德里人胃口。

店主 Santi Rigoni 和 Patricia Alda 創造出一個讓你彷彿身處在柏林、倫敦或是墨爾本般自在隨意的空間……看看那輛懸掛在天花板上的常見比賽用腳踏車，便能一目瞭然。大片的落地窗戶使光線可以充分灑進來，當顧客啜飲著一杯清涼的冷萃咖啡或是完美烹煮的卡布其諾咖啡時，還有可以將雙腳伸到街上的機會。

周邊景點

Lolo Polos

挑一支可以消暑又美味的冰棒，然後開始探索這個迷人有富活力的 Malasaña 區。

lolopolosartesanos.es

Ojalá

這家位在迷人 Juan Pujol 廣場、氣氛友善的餐廳，供應物美價廉的餐點、美味的早午餐以及冰涼的水果雞尾酒。

grupolamusa.com

LA MOLIENDA

Carrer del Bisbe Campins 11, Palma, Mallorca;
www.lamolienda.es; +34 634 52 48 21

◆ 餐點　　◆ 咖啡館
◆ 購物　　◆ 交通便利

為了體驗島上更在地的風情，許多來到西班牙馬略卡島（Mallorca）的訪客都會繞過帕爾瑪（Palma），直奔具有鄉間景致的海灘、崎嶇的內陸以及美麗的山丘。但是這座馬略卡島的首都其實充滿許多隱藏的寶石，La Molienda 咖啡店便是其中之一。這座咖啡吧及用餐地點是由堂兄弟 Miguel 和 Toni（負責濃縮咖啡機器）以及他們的朋友 Majo（負責廚房）所經營。這座像家一樣舒適的咖啡館就位在涼爽的廣場中，很適合作為開啟一天行程的起點。在酥脆的麵包中放入健康的荷包蛋或是酪梨，然後配一杯濾煮咖啡——豆子來自巴塞隆納 Nømad、柏林 The Barn 或劍橋 Origin Coffee 等知名烘豆坊。簡直完美！

周邊景點

帕爾瑪大教堂（Palma Cathedral）

俯瞰著海灣、高聳於城市之上，這座宏偉的 13 世紀 La Seu（帕爾瑪大教堂別稱）值得一看，由鐘樓遠眺的景色更是不能錯過。
catedraldemallorca.org

Clandestí Taller Gastronòmic

這家舒適的餐廳只能容納 12 位用餐的客人，但是主廚 Pau Navarro 和 Ariadna Salvadorare 所端出的菜餚卻極富創造力，而且是根據當地經典菜餚改良。一定要事先預約。*clandesti.es*

瑞典

如何用當地語言點咖啡？ Kan jag få en kopp kaffe?
最有特色咖啡？ 濾煮式黑咖啡。
該點什麼配咖啡？
Kanelbullar，一種肉桂小圓麵包甜麵包。
貼心提醒： 如果你被邀請一起品嚐美味的咖啡及
手工烘焙甜品時（瑞典語稱 fika），千萬不要匆匆
忙忙、草草結束，這可是攸關瑞典慢活的傳統。

很少人知道，事實上瑞典喝咖啡喝得
比地球上其他國家都來得兇，只輸給
對咖啡因瘋狂的芬蘭人。在瑞典，喝咖啡是
一種國民休閒，而咖啡休息時間則是每天生
活必須，甚至還有形容這種時間的說法——
fika。這個字約略可翻作與朋友分享的舒適
時刻，理想的狀況是飲用咖啡並配上像是肉
桂小圓麵包的甜點。fika 這個字其實是瑞典
文咖啡 kaffi 顛倒過來的拼法，有趣的是，
這其實是 18 世紀咖啡飲用者私下使用的暗

號；這些人被懷疑有反皇族古斯塔夫三世
（King Gustav III）的情結。這位瑞典國王對咖
啡飲品偏執地執行恐怖禁令，終其一生他都
試著禁止瑞典國民喝咖啡。

在 18 世紀晚期和 19 世紀初之間，咖
啡卻變成皇室貴族偏好的飲品，而咖啡館
（kaffeehus）和糕餅店（konditori）則變成是斯
德哥爾摩（Stockholm）、哥德堡（Gothenburg）
和馬爾默（Malmö）街上常見的景象。從那
時起，咖啡便在全國迅速地拓展開來。在第
三波咖啡浪潮中，瑞典的咖啡師引領潮流，
而且變成是世界咖啡師大賽中的常客；這個
國家現在有號稱斯堪地那維亞半島最棒的咖
啡店，在這些店裡，先進的咖啡烹煮技術融
合了純粹、不費力卻又令人稱羨的斯堪地風
格。在這裡，咖啡不只是一個飲品，也是自
我表達的一種方式。

DROP COFFEE

Wollmar Yxkullsgatan 10, Stockholm;
dropcoffee.com; +46 8 410 233 63

◆ 餐點　　◆ 課程　　◆ 咖啡館

◆ 烘豆　　◆ 購物　　◆ 交通便利

如果你請任何一位咖啡迷推薦一家斯德哥爾摩的咖啡館，他們很有可能推薦你到這一家位於 Mariatorget 得過獎的咖啡店及烘焙坊。由年輕的咖啡烘焙師 Joanna Alm 和 Erik Rosendahl 於 2009 年所創立（最近則由英國人 Stephen Leighton 頂下），這家咖啡館已經成為這座城市精品咖啡業不可或缺的一部分。Drop 的招牌是口味多元的淺焙。同一批咖啡豆也用在烹煮濃縮咖啡和濾煮式咖啡上，這讓顧客在品嚐時，能有更為融合及細緻的口感。這些咖啡大部分來自玻利維亞、哥倫比亞、薩爾瓦多、衣索比亞及肯亞。

咖啡店本身空間不大，但是卻是低調的斯堪地設計傑作：木製的餐桌及白色的牆壁襯托著炫彩的椅子和工業用燈泡。店裡有處大量展示咖啡產品的角落，全都附有商標的棕色或是蛋青色紙盒包裝，還有一處擺放大量咖啡沖煮器具任君挑選（可以訂做咖啡師圍裙以及和隨附的手提袋）。你會發現身處一群美麗的瑞典人之中，毋須感到驚訝，Drop 是學生、創意人士、模特兒、攝影師及逛街者的聚集之處。所提供的課程也很棒，像是咖啡烘焙課程、咖啡品嚐實驗室、手沖咖啡高級課程，以及全套咖啡師體驗課。

周邊景點

斯德哥爾摩老城（Gamla Stan）

你可以在這座斯德哥爾摩的典雅老城區，或是在 Sodermalm 和 Nordmalm 小島交錯的街道巷弄及鵝卵石步道漫步。

catedraldemallorca. org

Eriks Gondolen

這座位在港口旁、由玻璃所建造的高聳建築，是城裡飲用雞尾酒的最佳高級餐廳，還可以一覽港口的風景。*www.eriks.se*

JOHAN & NYSTRÖM

Swedenborgsgatan 7, Stockholm;

johanochnystrom.se; +46 8 702 20 40

◆ 餐點　　◆ 課程　　◆ 咖啡館

◆ 烘豆　　◆ 購物

Johan & Nyström 從自家經營、備受稱譽的烘焙坊為全瑞典的咖啡店、餐廳及旅館供應咖啡豆。他們只烘焙具有公平貿易標章的有機咖啡豆，也在斯德哥爾摩市中心相當時髦的 Södermal 區設有旗艦店。事實上，Johan & Nyström 比較像是一間商店而不像是咖啡店。牆壁上陳列著一整排該店令人眼花撩亂的自有品牌商品、有機咖啡。有一些產品被堆放在高處，甚至需要搬梯子才能拿得到。

商店的員工每一年都會參加瑞典咖啡師大賽，他們一直相當重視這項比賽，也是他們專業的證明。這裡愛樂壓（AeroPress）、虹吸式、手沖以及濃縮咖啡全都有供應，下午也有免費的杯測課程；每一週都有精選自烘焙坊的推薦咖啡豆。

周邊景點
攝影博物館（Fotografiska）

在這座出色的攝影博物館裡，你可以提升自己的 Instagram 拍照技巧。這個空間的前身是海關大樓，還會定期舉辦當代攝影作品展。*fotografiska.eu*

Pelikan

這座迷人的古老啤酒館為旅客提供了一窺老斯德哥爾摩的機會。你可以在挑高天花板、木板隔間及水晶燈裝飾的空間中吃到傳統菜餚，像是瑞典肉丸和燉豬肉。*pelikan.se*

荷蘭

如何用當地語言點咖啡？

Mag ik een kop koffie alsjeblieft?

最有特色咖啡？

黑咖啡（Zwarte koffie）或是拿鐵咖啡（koffie verkeerd）。

該點什麼配咖啡？ 幾乎每家咖啡店都會供應最常見的甜點，像是香蕉麵包、餅乾和蘋果派。你可以在櫃台查看一下有趣且比較健康的其他選擇。

貼心提醒： 除非你確定你在可以合法購買和抽大麻的場所，不然千萬不要點燃大麻煙捲。

如果咖啡豆這個外來的東西能在全歐洲發揚光大只能歸功於一個國家的話，毫無疑問非荷蘭莫屬。儘管在一些地方像是威尼斯、伊斯坦堡甚至牛津，咖啡館存在已久，但是直到 1711 年荷蘭人開始從爪哇島和蘇門答臘等殖民地引進商業化生產的咖啡，才成為被廣泛接受的飲品。

今日，荷蘭幾乎家家戶戶都會喝咖啡。雖然荷蘭人不再擁有亞洲殖民地、也不再扮演進口咖啡到歐洲的要角，但這個小國依然是平均每人飲用最多咖啡的國家之一 ——每年荷蘭似乎都排名第三或第五，端看你相信哪個排行榜。

一點也不必驚訝，大約從 2011 年精品咖啡開始大舉進入歐洲大陸後，阿姆斯特丹便站在潮流前端，發展出屬於自己的特色咖啡產業。這股潮流大部分是由第一批精品咖啡烘焙師的前員工，以及一些想念家鄉偉大咖啡館的移民所帶起的。

不過一兩年的光景，阿姆斯特丹便出現了許多令人興奮的新咖啡店，很多咖啡店也從事自家烘焙。過沒多久，對於更高品質、更美味及更新鮮有趣的咖啡熱情便在整個荷蘭遍地開花；同一個時間，連鎖店星巴克也和荷蘭國鐵公司簽訂合約，迅速地在所有主要車站及市中心精華地段展店。這還不夠，Dunkin' Donuts 甜甜圈咖啡店也在最近進入荷蘭市場，並計畫在不久的未來開設多達160 家分店。

和其他歐洲城市像是柏林、巴黎和倫敦相較，阿姆斯特丹精品咖啡的與眾不同之處，在於幾乎全由荷蘭人自己經營，而其他地方則是由澳洲人、紐西蘭人和美國人掌控。

TOP 5
咖啡推薦

- **Stooker Roasting Co**：Ethiopia Idido
- **White Label**：Guatemala Triple
- **Friedhats**：Kenya Gaithini AB
- **Headfirst Coffee Roasters**：
  Ethiopia Aichesh
- **Blommers Coffee Roasters**：
  Ethiopia Kochere PB

話咖啡：LEX WENNEKER

現在大多數的人
都使用正確的科技
來烹煮真正美味的咖啡，
我們只是在等待
下一個偉大創新的到來。

　　荷蘭人的確是非常聰明的企業家。許多人很早就嗅到精品咖啡的風潮，這些人一般來說遊歷甚廣，並將這股國際影響力注入到他們對咖啡的熱情。2014 年阿姆斯特丹咖啡節正式開幕，證明了首都咖啡產業的成功。

　　雖然對於好咖啡的定義的確仍存有巨大歧見，有些人依然認為荷蘭本土品牌 Douwe Egberts 是最棒的咖啡，而有些人則是邁開大步往當地烘焙師那裡去尋找最精緻完美的單品豆，但荷蘭已經是公認最適合發掘並享受卓越咖啡的國家。所以，騎上腳踏車，開始出發去尋找好咖啡吧！

DE SCHOOL

Jan van Breemenstraat 3, Amsterdam;
www.deschoolamsterdam.nl; +31 20 737 3197

◆ 餐點　　◆ 咖啡館
◆ 購物　　◆ 交通便利

De School 是一處非常特別的地方：一部分是夜店、一部分是餐廳及咖啡館，還有一部分是健身館及小型商業中心。這裡某種程度很像 2015 年 1 月歇業的阿姆斯特丹傳奇夜店 Trouw 的延續。這個地點以前是一所國立學校，De School 被許多人認為是荷蘭最棒的電子音樂夜店，餐廳則贏得許多美食評論家的讚譽。人們稱讚這家餐廳非常平易近人、餐點有創意，價格又非常親民。下去地下室體驗音樂震耳欲聾的夜生活之前，可以在此享用含有七道菜的晚餐並搭配美酒。

但是如果你只是想要來一杯美味的咖啡，咖啡館白天有營業，且獨家供應從自家烘豆坊 White Label 新鮮烘焙的豆子煮出來的咖啡，沿著走廊走去就是令人印象深刻的烘焙坊。White Label 是由當地的咖啡傳奇人物 Elmer Oomkens 和 Francesco Grassotti 所經營，他們的咖啡館則位於 Jan Evertsenstraat 街上。

De School 地點偏僻，所以從來不會出現人擠人的狀況。這是一個適合拜訪、工作、享用美味三明治當午餐，並且當你正努力按時完成工作時，可以大口暢飲專業烹煮的小白咖啡的好地方。

周邊景點

Floor17

距離咖啡館只有幾步之遙，Floor17 是 Ramada Hotel 附設的屋頂酒吧和餐廳，提供可一覽城市景觀以及喝杯酒的地方（但價格有點高）。*www.floor17.nl*

林布蘭公園（Rembrandtpark）

這座沿著阿姆斯特丹西側延伸出來的迷人公園，是城裡少數幾個還允許烤肉的地方之一。*www.amsterdam.nl/projecten/rembrandtpark*

De Clercqstraat

這是一條可以購物、吃飯以及喝東西的街道，你可以在 Van't Spit 或是 Rotisserie 盡情地享用烤雞，或是在 Cantinetta 享用美味的義大利美食。
bysam.nl/de-leukstespots-op-de-clercqstraat

莫卡托體育館（SportPlaza Mercator）

位於 De School 對面的運動中心是一處隱藏版景點，戶外游泳池是這座城市最棒的之一。*www. sportplazamercator.nl*

LOT SIXTY ONE

Kinkerstraat 112, Amsterdam;

www.lotsixtyonecoffee.com; +31 6 1605 4227

◆ 餐點　◆ 課程　◆ 咖啡館

◆ 烘豆　◆ 購物　◆ 交通便利

座落在時髦老西區的繁忙街道上，Lot Sixty One 是城市精品咖啡運動中最早的開路先鋒者，至今仍然是一股重要的力量。在服務普遍很糟、小白咖啡仍籍籍無名的時期，創辦人 Adam Craig 和 Paul Jenner 為這座城市帶來了一點隨興澳洲人所具有的待客之道。

今日，Lot Sixty One 為城市裡許多高級餐廳及飯店——包括時髦的 Hoxton 飯店——供應手工烘焙的 Probast 咖啡豆，也依然在 Rokin 街上的 Urban Outfitters 生活用品店裡設有分店。老西區的總部則是一處可以啜飲美味的批量滴濾咖啡、享受蛋糕或糕餅，並觀賞人來人往的絕佳地點。

周邊景點

Waterkant

只要在 Kinkerstraat 街上往南走幾分鐘就可抵達，這裡有城市最棒的河濱酒吧及餐廳。要有排隊的準備，這裡全年都是人擠人。

www.waterkantamsterdam.nl

De Hallen

前身是一座巨大的電車倉庫，現在則是集電影院、迷你購物中心、圖書館以及美食中心於一處，任何時候都值得一逛。

dehallen-amsterdam.nl

NEWWERKTHEATER

Oostenburgergracht 75, Amsterdam;
www.newwerktheater.com; +31 20 57 213 80

◆ 餐點　　◆ 咖啡館　　◆ 購物　　◆ 交通便利

阿姆斯特丹咖啡業中最新鮮有趣的咖啡館，就座落在一處廢棄的劇院裡，現在這座劇院則擴建成三倍大，成為包含一家創意公司（...,staat）、活動與辦公空間以及一間有美食和飲料的卓越咖啡吧的總部。和位在柏林的咖啡烘焙師 Bonanza 一起研發合作，NewWerktheater 已成功地將在倫敦、墨爾本以及哥本哈根常見的經營概念在地化。

「...,staat」創意公司的創辦人 Jochem Leegstra 其實並不需要在他公司新址的前廳經營一家成熟又深諳待客之道的事業，但他

表示：「如果我們可以使這個地方洋溢創意，迎接每個人並且提供一杯好喝到爆的咖啡，何樂而不為呢？」

周邊景點

微生物博物館（Artis + Micropia）

阿姆斯特丹動物園是歐洲最古老也是最迷人的地方之一，動物園旁邊則有全世界第一座微生物博物館。www.artis.nl

荷蘭海事博物館（Het Scheepvaartmuseum）

荷蘭人具有其他國家所沒有的航海歷史，而這份資產也美麗地被展示在這座國立海事博物館中。www. hetscheepvaartmuseum.nl

© Martijn Lambada

SCANDINAVIAN EMBASSY

Sarphatipark 34, Amsterdam;
www.scandinavianembassy.nl; +31 6 8160 0140

◆ 餐點　　◆ 咖啡館　　◆ 交通便利
◆ 課程　　◆ 咖啡館

當 Rikard Andersson 和 Nicolas Castagno 在 2014 年創立 Scandinavian Embassy，很多人都摸不著頭緒。在這時髦的 De Pijp 區，這家咖啡館會供應來自北歐烘焙坊的淺焙咖啡，並且搭配麋鹿、駝鹿及熊的醃肉，而這只是開胃前菜。律師轉行當廚師的 Rikard，其創意料理受到瑞典美食啟發，使用了許多像是沙棘（buckthorn）果凍及熊蔥（ramson）漿果之類的食材。

同時他也自釀飲品，並用咖啡樹的一部分來浸泡海鮮；Rikard 的妻子也加入團隊，並透過位在店後的 SE Wardrobe 展示她在時尚方面的才華。「Scandy」是咖啡迷為這家店所取的暱稱，店內也製作瑞典肉桂捲，並且是阿姆斯特丹唯一一處可以品嚐 La Cabra、Drop Coffee、The Coffee Collective 和 Per Nordby 品牌咖啡豆的地方。

如果你不想在食物上冒險，或者只是想來份簡單又健康的早餐，可選擇加上鹽烤鮭魚的精緻水煮蛋或是營養均衡的粥。

周邊景點
薩法蒂公園（Sarphatipark）

這是一處小而美的寧靜場所，可以享受陽光及城市氛圍。

www.amsterdam.info/parks/sarphatipark

Gerard Doustraat

本區最迷人小巧的購物街，充滿許多獨立精品店及與眾不同的快閃商店。

www.amsterdam.nl/ projecten/rembrandtpark

Brouwerij Troost

如果你想從喝咖啡的活動中稍微抽身休息一下，可以前往這家俯瞰安靜廣場的在地釀酒廠：印度淡色愛爾啤酒（IPA）相當美味。

brouwerijtroost.nl

博物館廣場（Museumplein）

從咖啡館走路只要十分鐘就能抵達阿姆斯特丹博物館廣場，這裡有國家博物館（Rijks，左圖）、梵谷博物館及市立博物館（Stedelijk）。*www.amsterdam.info/ museumquarter*

MAN MET BRIL

Vijverhofstraat 70, Rotterdam;

www.manmetbrilkoffie.nl; +31 6 4103 4864

◆ 餐點　　◆ 課程　　◆ 咖啡館
◆ 烘豆　　◆ 購物　　◆ 交通便利

荷蘭的第二大城也許缺乏了阿姆斯特丹的美景和海牙的濱海魅力，但是鹿特丹當地人仍然非常自豪於他們先進的基礎建設，包括壯觀的新中央車站，以及市政局進行中的沒落區域重建工程，例如 Katendrecht 區。

在找到位在廢棄鐵道下一處拱門裡的新棲身之所前，Man met Bril 的創辦人 Paul Sharo 曾在許多不同的咖啡店裡烘焙咖啡。他具有魔力的咖啡館是一處明亮且開放的空間，在這裡，濃縮咖啡是由光聽名字就令人興奮的 Slayer 義式濃縮機器所烹煮出來的，而濾煮式咖啡則是已經盛在固定容量的容器裡，午餐的菜單則供應精緻的麵餅配上令人吮指的配料。

如果說 Paul 一直是阿姆斯特丹精品咖啡業最有名的人，一點都不誇張，他和藹的待人接物及傑出的咖啡是許多人願意造訪咖啡店的理由。

周邊景點

中央車站（Centraal Station）

千萬不要錯過鹿特丹車站南方入口驚人的傾斜屋頂設計，這個設計真的改變了人們對車站的既定印象。

Luchtsingel

這座連接北鹿特丹和市中心的美麗木橋，一直被拿來和紐約的高線公園（High Line）相提並論。在橋的北端，你會發現許多很棒的酒吧。www.luchtsingel.org

Aloha

這裡也許是阿姆斯特丹最酷的約會地點。Aloha 曾是水上運動公園，被遺忘多年之後，現在這裡有城市最棒的露臺、高級餐廳以及美味的飲品。www.alohabar.nl

伊拉斯謨橋（Erasmus bridge）

這座象徵性的橋梁連接了鹿特丹和南部的郊區，走過它可以看到城市的天際線，和你所預想的荷蘭景觀完全不同。

THE VILLAGE COFFEE & MUSIC

Voorstraat 46, Utrecht;

thevillagecoffee.nl; +31 3 0236 9400

◆ 餐點　　◆ 咖啡館

◆ 購物　　◆ 交通便利

在許多荷蘭人都還沒聽過精品咖啡之前，Angelo van de Weerd 和 Lennaert Meijboom 已經在時髦的烏特勒支 Voorstraat 街上、他們充滿動物標本的濃縮咖啡吧裡跟上這股風潮。從第一天起，兩名好友便將這家咖啡館經營得像是一間賓至如歸的客廳及小型音樂廳；在這裡，你可以喝咖啡和交朋友。每一小杯從濃縮咖啡機出來的咖啡都是精心沖泡的，每一杯濾煮式咖啡也都是專業烹煮；如果恰好在對的夜晚路過，也許還可以聽到現場演奏的音樂及 DJ 秀。還有另一家分店在科學博物館旁。

周邊景點

Oudegracht

烏特勒支的主運河旁有許多餐廳和酒吧，一到夜幕低垂時刻便充滿生氣。

www. amsterdam.info/parks/sarphatipark

烏特列支主教座堂塔樓（The Domtoren）

你可以登上荷蘭最高的教堂塔樓，一覽烏特勒支的風光；在爬了 425 層階梯後，可以親眼見到教堂令人印象深刻的大鐘。

www.domtoren.nl

土耳其

如何用當地語言點咖啡？ Bir kahve lütfen
最有特色咖啡？土耳其咖啡（Türk kahve）。
該點什麼配咖啡？水煙（Nargile）。
貼心提醒：請務必明確地說明你所點的土耳其咖啡的甜度：çok şekerli（非常甜），orta şekerli（一般甜），az şekerli（微甜），或是 şekersiz/sade（苦）。

地處中東的邊界，土耳其擁有悠久的咖啡館文化，在全國的市集庭院中，杯子和西洋雙陸棋板相映成趣。去咖啡屋（kahvehane）或茶園（Çay bahÇesi）喝一杯，伴隨著閒話家常以及塞滿蘋果口味菸草的水菸（nargile），已成為土耳其樂活（keyif）哲學的一部分。17 世紀一名清教徒式的鄂圖曼大維齊爾（Ottoman Grand Vizier，最高大臣）甚至禁止咖啡館經營，違反者會被棍棒毆打或是丟進博斯普魯斯海峽（Bosphorus）。

咖啡的悠久歷史延伸出許多習俗，這可以追溯到鄂圖曼宮廷精細的禮儀。在宮廷裡會有四十名咖啡師為蘇丹準備咖啡；土耳其男人曾以烹煮咖啡的技巧來做為挑選妻子的標準，而丈夫如果無法供應每日咖啡所需費用，則可以成為離婚的理由。

顏色似焦油的土耳其咖啡，通常要一口氣喝完，然後喝咖啡的人會將黏呼呼的咖啡渣倒在盤子上，依照所呈現的形狀來替朋友算命。這種 kahve falı 的傳統很受土耳其婦女歡迎，因為是由鄂圖曼菁英的阿拉伯籍保姆所傳入。如果你的朋友算到好命（呈現樹的形狀，代表你將要去度假），可以提醒他們一句關於圍繞共享咖啡的土耳其諺語：「一杯咖啡可以帶來四十年的友誼。」

即使土耳其的咖啡館是由男人主導，但是這裡的烘豆師及咖啡師非常熱情。請放心，在伊斯坦堡想喝到一杯好喝的小白咖啡並不難。

COFFEE DEPARTMENT

Kurkcu Cesmesi Sokak No 5/A Balat Fatih, Istanbul;
coffeedepartment.co; +90 532 441 6663

◆ 烘豆　　◆ 咖啡館
◆ 購物　　◆ 交通便利

隱身在時髦的 Balat 區，從金角灣（Golden Horn）往內陸只有幾條街的距離，Coffee Department 很嚴肅地對待他們自己的咖啡，這可從現場販售的濾煮器具和所供應的咖啡豆證明。店裡使用來自世界各地的咖啡豆並且現場烘焙；當他們向我推薦適合小白咖啡的咖啡豆時，咖啡師以流利的英文熱情分享新增拉丁美洲咖啡豆品項的計畫。也因為這股對咖啡的熱情，團隊曾派出咖啡師代表土耳其參加 2017 年布達佩斯的世界咖啡沖煮大賽。

這家裝潢帶有木頭及金屬美感的小型咖啡館，很容易讓這個對老人在市集啜飲咖啡的傳統情景仍然習以為常的國家感到驚艷。如果想來杯帶有蘋果派及牛奶巧克力風味，口感如絲綢般順口的小白咖啡，推薦選擇來自哥斯大黎加的咖啡豆。

周邊景點

聖喬治主教座堂（Patriarchal Church of St George）

這是土耳其的主要朝聖地。這座 19 世紀希臘東正教教堂有一座裝飾精美的木刻聖帳、拜占庭風格的馬賽克鑲嵌畫、宗教聖物，以及木嵌的主教皇冠。www.ec-patr.org

卡里耶博物館（Kariye Museum）

科拉教堂（Chora Church）的所在地，也是伊斯坦堡保存最美的拜占庭建築之一（下圖）。這座教堂由 14 世紀的馬賽克磁磚及濕壁畫所裝飾，和較為知名的索菲亞教堂（Aya Sofya）相比，這裡寧靜許多。ayasofyamuzesi.gov.tr/en/kariye-museum

FAZIL BEY

Kadıköy, Istanbul；+90 216 450 2870

◆ 烘豆　　◆ 咖啡館
◆ 購物　　◆ 交通便利

搭搭乘渡輪穿越博斯普魯斯海峽，去體驗據説伊斯坦堡最好喝的咖啡。和大量生產相反，Fazıl Bey 在現場烘焙他們喜愛的巴西咖啡豆，用喜氣的紅色復古研磨機研磨，再用傳統土耳其咖啡壺（cezve）烹煮——有長手把的小型銅製平底鍋——呈上濃黑的咖啡時會配上一杯水及一小塊土耳其點心。這種專注烹煮咖啡的方式歷經超過一世紀的淬鍊，2016 年英國《每日電訊報》（Daily Telegraph）評比為世界上最精緻的咖啡。

Fazıl Bey 有許多家分店，其中 Serasker Caddesi 區的分店位於 Kadıköy 咖啡館（kahvehane）一級戰區，是經營最久也最受喜愛的。咖啡館裡，老伊斯坦堡的黑白照片反映了自 1920 年開幕以來的歷史，人行道座位則提供第一手觀察當地人匆忙趕往附近 Kadıköy 郵輪站的機會。這裡最棒的是經典土耳其咖啡，但是季節咖啡也很值得試試，像是由野生蘭花球莖製成、擁有溫熱奶香的「sahlep」，或是帶有乳香的土耳其咖啡「damla sakızlı」（「乳香」是一種由同名地中海植物所萃取出來用以提味的樹脂）。

周邊景點

街頭藝術（Street art）

2012 年伊斯坦堡壁畫節（Mural Istanbul festival）開始舉辦後，位在 Fazıl Bey 和 Haydarpaşa 鐵道之間的 Yeldeğirmeni 區便成為了壁畫的街頭藝廊。*muralistanbul.org*

渡輪之旅（Ferry trip）

搭乘渡輪橫渡位在歐亞之間的博斯普魯斯海峽，伊斯坦堡的宣禮塔天際線就在你眼前展開，這是遊覽這座城市最棒的體驗之一。*www.sehirhatlari.istanbul*

Kadife Sokak

想要來杯濃烈的飲品，你可以來拜訪 Kadıköy 的街頭酒吧（barlar sokak）。當地人還會在這裡待上好一會兒玩西洋雙陸棋。

Kadıköy Pazarı

你可以好好徒步探索 Kadıköy 這座供應新鮮農產品的市集，就像美食網站 Culinary Backstreets 上寫的那樣。*culinarybackstreets.com*

英國

如何用當地語言點咖啡？
I'd like a latte/cappuccino/black coffee, please
最有特色咖啡？
也許是拿鐵，或是最近很流行的小白咖啡。
該點什麼配咖啡？ 一塊蛋糕或是咖啡配核桃。
貼心提醒： 千萬別插隊。在英國，排隊是一項神聖的傳統，插隊者會被指責。

我們都知道這是陳腔濫調：英國人很愛喝茶，不論是日常濃茶（builder's）、一杯簡單的沖泡茶還是一壺奶茶。在悲喜交錯的年代，每位自制的英國人都會喝上一杯舒緩情緒的茶來度過這樣的時刻。雖然英國是一個喝茶的民族，84% 的人每天至少會喝一杯茶，但是英國人現在對咖啡豆上癮的程度似乎和茶葉不相上下。在英國，每天會消耗七千萬杯的咖啡，而有 1/3 的人固定會使用至少一種烹煮咖啡的器具；即便如此，據說占了七成飲用量的即溶咖啡依然占大宗。但是離開家裡，英國人對濃縮咖啡的文化還是興致勃勃充滿熱情；在商業區的咖啡館裡，事實上人們會點咖啡的可能性是茶飲料的兩倍。

但是咖啡文化在英國還是花了很長的時間才開始發展。將時間倒回十幾年前，英國泡沫化的咖啡業就像是放了一個禮拜的卡布奇諾，四處只有供應冷凍乾燥的即溶式咖啡，只有極少數的人聽過拿鐵，更不用說 Chemex 冷萃咖啡。

但是到了 1990 年代初期，事情開始有了轉變：國外旅行所增加的見聞及可支配收入的增加，使英國人有能力可以去尋找多元形式的咖啡；在英國人的櫃子上，玻璃咖啡壺也開始出現在茶壺旁邊；咖啡店在城市裡如雨後春筍般出現；在超市，新鮮咖啡變得極為普遍；慢慢地，英國人開始對這個複雜又迷人的咖啡世界多了一層的認識。

往前來到 21 世紀，事情有了轉變。咖啡隨處可見，在大城市裡，你幾乎可以在每個街角喝到咖啡，甚至是最不起眼的鄉村咖啡店和偏遠的酒館，義式濃縮咖啡機已經是標準配備。大型的連鎖咖啡店占據了商業街，但是精品咖啡店也正在崛起。小型、獨立的咖啡店處處可見，雖然自家烘豆還是少見，但是愈來愈多英國頂級小批量生產的微型烘焙坊加入供應咖啡豆的行列，包括 Square

TOP 5
咖啡推薦

- **Square Mile**：Red Brick Seasonal Espresso
- **Union**：Revelation
- **Coaltown**：Black Gold No 3
- **Extract**：Original Espresso
- **Has Bean**：
  Costa Rican Finca Licho Yellow Honey

話咖啡：GEMMA SCREEN

現在你可以在很多不同的地方
找到好咖啡，
從花園中心到當地的腳踏車店，
甚至是洗衣店。

Mile、Union、Coaltown、Extract、Pact、Urban Roast、Has Bean 和 Origin。英國也常常舉辦以咖啡為主題的活動，愛丁堡、曼徹斯特及倫敦都有舉辦重要的咖啡節，而每年四月的英國咖啡週和五月的英國咖啡師冠軍賽，則吸引了全球的咖啡迷。

　　總之，咖啡的確已經滲透到每個英國人的意識中。大部分的英國人每天早晨一定會來一杯咖啡，不論是拿鐵、小白咖啡或甚至是早晨的即溶咖啡。雖然咖啡的需求正在增加，但是我們不可以太得意忘形。在英國人尚未永遠放棄他們天天喝茶的習慣之前，想要在英國發展咖啡文化還是困難重重。

　　一起來共商大計吧，誰想要來杯咖啡？

COALTOWN COFFEE

The Roastery, Ty Nant y Celyn, Glynhir Rd, Llandybie, Ammanford, Carmarthenshire; www.coaltowncoffee. co.uk; +44 1269 400105

◆ 烘豆　　◆ 購物
◆ 課程　　◆ 咖啡館

南威爾斯礦城上被遺忘的這處綿延山丘，不太像明顯的商業區，過去十年來，安曼福德（Ammanford）這個地區自豪地出產號稱「黑金」的高品質煤礦，但是礦區已在 2003 年關閉，如今 Coaltown Coffee 則用不同的黑金為這座礦城帶來生氣。位處前身為煤礦小城、現在卻風景如畫的隱密小道上，這家鄉村烘豆坊並沒有掀起所謂「濃縮咖啡杯裡的風暴」，卻是南威爾斯唯一的專業烘焙坊，每一顆咖啡豆都取自國際咖啡評分標準 80 分以上的特定農場。

以一台 1958 年的烘豆機做為裝飾，這家公司正從供應地方美味咖啡的角色轉型

擴張，包含在安曼福德的市鎮中心開設時尚烘豆坊兼咖啡館及咖啡師訓練所，致力於為鎮上帶來工作機會，再次讓咖啡黑金發揚光大。

周邊景點

Wright 美食商場

延續令人稱奇的荒煙之地美食探索主題，這家位處安曼福德西北方 16 公里處的美味咖啡館熟食店呈現了當地的美食，葡萄酒尤其著名。www.wrightsfood.co.uk

Carreg Cennen 城堡

這座引人注目的 13 世紀城堡，矗立在安曼福德東北方 11 公里處的布雷肯比肯斯（Brecon Beacons）山脈西側。
carregcennencastle.com

COLONNA & SMALL'S

6 Chapel Row, Bath;
www.colonnaandsmalls.co.uk; +44 7766 808 067

◆ 課程　　◆ 咖啡館
◆ 購物　　◆ 交通便利

巴斯作為喬治亞時代的豪華城市，將近三個世紀以來都是英國時尚的重鎮。因此毫無意外地，在富庶的街道上也座落著一家全英國最重要的精品咖啡館。2009 年創立這家咖啡館的老闆是 Maxwell Colonna-Dashwood，他是英國咖啡業的重要人物之一，更不用提曾在 2012 年及 2014 年獲得英國咖啡師比賽冠軍。咖啡館座落於一棟改建過的喬治亞時代連棟別墅。當你穿越大門時，火爐及帶有玻璃門的壁櫥正歡迎著你，後頭咖啡館主體占據著狹窄挑高的 A 字形空間，內部有閃亮的白牆、淡金色的木板樓梯以及一片片天窗；後頭一邊是咖啡吧，另一邊則陳列著桌椅，而牆上壁畫則展示咖啡製作的過程。

Maxwell 烹煮咖啡的方法講求口味純正，每天會供應三種濃縮咖啡及濾煮式咖啡，包含愛樂壓，聰明濾杯（clever dripper）以及虹吸式烹煮法。為了品嚐咖啡的味道，除非你點小白咖啡，否則並不鼓勵顧客添加牛奶。當然，這是一種啟發顧客而不是菁英主義式的咖啡品嚐方式，也就是說，有人會帶領你並讓你從中學習。一袋頂級稀有咖啡豆是最佳的伴手禮（150 公克 15 英鎊）。

周邊景點

皇家新月樓及圓形廣場（Royal Crescent & the Circus）

由英國建築師 John Wood 父子聯手於 18 世紀晚期所設計，可說是巴斯最美的建築物。

霍本博物館（Holburne Museum）

在這裡可以盡情享受貴族 William Holburne 爵士所收藏 17～18 世紀的大量藝術珍品，包括英國肖像畫及風景畫家 Thomas Gainsborough 的作品。*www.holburne.org*

古羅馬浴場（The Roman Baths）

西元 70 年左右，羅馬人為了巴斯的溫泉在此建造一處雄偉的浴場，現在依然保存得相當完整。*www.romanbaths.org.uk*

Bathwick 遊船

還有什麼比得上在寧靜的雅芳河（River Avon）上划船來得更具英倫風情？
www. bathboating.org.uk

QUARTER HORSE

88-90 Bristol Street, Birmingham;
www.quarterhorsecoffee.com; +44 121 448 9660

◆ 餐點　　◆ 購物　　　◆ 交通便利

◆ 烘豆　　◆ 咖啡館

走進 Quarter Horse，感覺就像翻開了室內設計雜誌一樣：美麗、寬敞的空間一塵不染，簡約的線條、石灰牆面、愛迪生復古燈泡、許多盆栽以及淺色的木質家具，光線穿透大面玻璃，一邊是貼著白色磁磚的時髦咖啡吧台，另一邊則放置令人印象深刻的烘豆機──這是伯明罕唯一可以自行準備所有咖啡豆的店家，放鬆坐在這裡觀看從烘焙咖啡豆到上桌的製作過程是一種享受，在這樣的產品管控下，咖啡不意外地非常好喝（招牌特調 Dark Horse Espresso 搭配上牛奶很棒）。共同經營人 Nathan Retzer 是一個非常注重品質的人，來自美國伊利諾伊州的 Normal 城，在增設這家英格蘭中部的分店據點之前，他已經在牛津開設了第一家咖啡店，期待未來還有更多。

周邊景點

The Diskery

這間可追溯到 1950 年代的唱片行據説是英國最古老的，來這裡可以挑選稀有又值得收藏的舊唱片。*thediskery.com*

伯明罕背靠背建築保護區

（Birmingham Back to Backs）

來一趟 19 世紀的時光旅行吧！這些建築是由國家名勝古蹟信託（National Trust）所重建，別忘了到那家 1930 年代的甜點店去買個東西。

www. nationaltrust.org.uk/ birmingham-back-to-backs

SMALL BATCH COFFEE COMPANY

111 Western Road, Hove, Brighton:
www.smallbatchcoffee.co.uk; +44 1273 731077

◆ 餐點　◆ 課程　◆ 咖啡館
◆ 烘豆　◆ 購物　◆ 交通便利

© Grant Rooney Premium / Alamy Stock Photo

味的 Goldstone 義式濃縮，是造訪這家店最好的理由。

周邊景點
布萊頓碼頭（Brighton Pier）
來到此地一定不能錯過沿著經典的英國海濱碼頭散步（下圖），從沃辛（Worthing）往東走大約一英里就可抵達。
www.brightonpier.co.uk

街區（The Lanes）
往碼頭北邊走幾個街區，在縱橫交錯的巷道裡可以找到布萊頓最有趣的商店：珠寶店、唱片行、骨董衣，以及許多裝飾品小玩意兒。*www.visitbrighton.com/shopping/the-lanes*

名字雖然有個 small，但是布萊頓（Brighton）的這家咖啡專賣店自 2007 年開幕以來就一直不斷擴大版圖，儘管當時剛好遇上金融危機，咖啡館的業務卻蒸蒸日上，加快了展店的速度與規模，現在布萊頓、霍夫（Hove）及沃辛（Worthing）共有八家分店。創始店位於沃辛的 Goldstone Villas 區，但是諾福克廣場（Norfolk Square）的分店卻集合了所有最迷人的事物：挑高的天花板、一大面窗戶以及一座吸引人的木製咖啡吧台，店裡還有許多空間可以坐下並欣賞廣場上的綠草如茵。這裡並非走高貴勢利的路線，點一杯小白咖啡就跟點手沖單品一樣自在。最令人讚賞的是店家「從農場直送杯中」的採購理念，以及講究高道德標準的經營模式。以創始店為名、帶有濃厚巧克力風

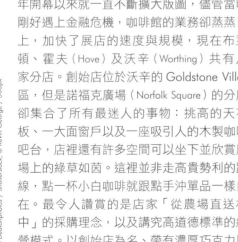

FULL COURT PRESS

59 Broad St, Bristol;
www.fcpcoffee.com; +44 7794 808 552

◆ 餐點　　◆ 購物　　◆ 交通便利
◆ 課程　　◆ 咖啡館

身為神祕塗鴉藝術家班克西（Banksy）及樂團「強烈衝擊（Massive Attack）」的故鄉，布里斯托（Bristol）擁有獨特又另類的風格以及興盛的媒體業，所以在這裡發現到處都是咖啡館一點也不意外，其中 FULL COURT PRESS（FCP）算是箇中翹楚。這座咖啡館位在舊城區，離熱鬧的港口不遠，由一座年代久遠的建築改建成極簡風格：不顯眼的牆面、現代式家具，還有一片被保留下來的彩繪玻璃窗。店家對咖啡有著不輕易妥協的專注，每天只供應兩種濾煮及義式濃縮特調，牛奶和糖限量供應是為了鼓勵顧客體驗純粹的咖啡風味，每天供應的派餅則來自當地烘焙坊。提供的課程包括咖啡師技能以及改良式的咖啡濾煮技巧，員工也很了解自家的咖啡豆。外帶服務相當貼心：你可以選擇當天供應的任何一款咖啡豆，咖啡師會幫忙裝進店家特別訂製的 250 克包裝袋。

周邊景點
St Nicholas 市集

位於美麗的喬治亞拱廊商店街，這座美妙的室內市集有許多骨董攤位以及可口的美食廣場；你可以在當地傳奇的 Pieminister 找到許多好吃的派餅。
www.stnicholas marketbristol.co.uk

M-Shed 博物館

在這座博物館裡，可以用充滿想像力的方式發掘幾世紀以來布里斯托的歷史，地點就位在城市碼頭及廢棄起重機旁的一處大型倉庫。www.bristolmuseums.org.uk

© Tom Sparey

HOT NUMBERS

Unit 5/6 Dales Brewery, Gwydir St, Cambridge;
hotnumberscoffee.co.uk; +44 1223 359966

◆ 餐點　　◆ 課程　　◆ 咖啡館
◆ 烘豆　　◆ 購物　　◆ 交通便利

品 90+ Nitro，這是先以熱水萃煮再極速冷卻的咖啡。在 Trumpington 街上還有一家小型分店。

周邊景點

菲茨威廉博物館（Fitzwilliam Museum）

　　這是英國第一座公立藝術博物館，收藏了許多古怪的東西，包括古老的埃及遺跡、大師畫作、手錶及盔甲。*www.fitzmuseum.cam.ac.uk*

後花園（The Backs）

　　這片沿著康河（River Cam）河岸，位於學院後頭的綠地，悉心維護的草皮整齊又美觀，展現了大學無與倫比的景致。

Hot Numbers 一直都對單品咖啡（咖啡豆來源合乎道德採購及直接貿易）、本地製造食物以及美妙的音樂充滿熱情，這三種元素也讓店家贏得劍橋最佳烘豆坊及咖啡館的美譽。但是這裡並非手工匠人賣弄技巧的神殿，相反的，你會在這個已退役的釀酒廠裡發現一處寬敞、悠閒的空間，內部擺設著條紋木桌、舒適的沙發椅和裸露的磚牆；到了夜晚，還會變身為爵士樂空間，不時還有活動。

　　採用荷蘭大廠 Giesen 的烘豆機，並載入 Cropster 軟體分析記錄相關數據，老闆 Simon Fraser 小心翼翼地控制每一次咖啡豆的烘焙，一天供應四種咖啡豆：瑞士水洗無咖啡因咖啡、淺烘焙濾煮咖啡，以及兩款濃縮咖啡：一款適合製作義式濃縮，另一款則適合搭配熱牛奶。你可以點奶香濃厚的新產

BREW LAB COFFEE

6-8 South College St, Edinburgh;

www.brewlabcoffee.co.uk; +44 131 662 8963

◆ 餐點　◆ 購物

◆ 課程　◆ 咖啡館

愛丁堡這家頂尖的咖啡專賣店正如其名，以近乎「實驗室」的科學態度專注於細節。2012 年在 South College 街開業，從咖啡豆的採購來源到萃取時機全都拿捏得精準無比，例如為了在口味上互補，每天只供應各兩款濃縮咖啡及手沖濾煮咖啡，如果一種是清淡帶有果香的品項，另一種也許就是濃厚且帶有麥芽烘焙香氣。濃縮咖啡的豆子全部來自著名的烘豆商 Has Bean，萃煮咖啡的器具也同樣頂級，濃縮咖啡是用 Arduino VA388 Black Eagle 所烹煮，濾煮咖啡則是用日本頂級的 Kalita Wave 手沖壺。他們也永遠在追求創新，Nitro Cold Brew 這款氮氣冷萃咖啡，會從此改變你對冰咖啡的印象，濃稠帶有奶香口感的質地嚐起來就像愛爾蘭司陶特啤酒（Irish stout）。

咖啡館內部陳設走摩登都會風格：裸露的磚牆、木質地板，咖啡吧台則是金屬台面。咖啡館很受歡迎，也意味著要找到空位並不容易，所供應的美味午餐及早午餐更讓店內一位難求。但是食物不管再美味，咖啡才是這裡的核心。如果你想要深入探究，這裡也提供超棒的拉花藝術、濃縮咖啡甚至咖啡品鑑課程。

周邊景點

蘇格蘭國立博物館

（National Museum of Scotland）

在喝杯咖啡提神後，可以前往這座歷史文物的寶庫。這座英國最重要的博物館典藏了各式各樣的東西，從 12 世紀的西洋棋子到填充的複製桃莉羊。www.nms.ac.uk

荷理路德宮（Holyrood House）

你可以到女王在蘇格蘭的正式行宮一遊。這座皇宮就座落在有名的皇家大道（Royal Mile）的盡頭，從大道上可以俯瞰荷理路德公園（Holyrood Park）的大片綠色草坪。www.royalcollection.org.uk

亞瑟王座（Arthur's Seat）

對登山健行客來說，這座位在城市邊緣的死火山是一處迷人的地標。路上喝些好咖啡則有助於整個行程，但是最好不要試著在宿醉時攀登。

大象咖啡屋（The Elephant House）

你可以在 JK 羅琳撰寫《哈利波特》系列小說之初所流連的咖啡館，喝一壺茶、吃片蛋糕。www.elephanthouse.biz

© Jordan Anderson

ESPRESSINI

39 Killigrew St, Falmouth;
www.espressini.co.uk; +44 1326 236582

◆ 餐點　　◆ 咖啡館
◆ 購物　　◆ 交通便利

周邊景點
康沃爾郡海事博物館
（National Maritime Museum Cornwall）

　這座令人印象深刻的博物館可以挖掘法爾茅斯的航海歷史，例如古老的船隻和海洋主題的展覽，最近的主題是介紹英國海軍中將威廉・布萊（Captain Bligh）以及紋身的歷史。*nmmc.co.uk*

WeSUP Gylly

　沿著 Gyllyngvase 海灘的濱海區玩一玩站立式槳版，從海岸到都鐸潘丹尼斯城堡（Tudor castle of Pendennis）的沿途風景很美。*wesup.co.uk*

　這裡曾經是著名的航海城，拜附近大學所賜，現在則是創意的匯集地。傑出的 Espressini 是法爾茅斯（Falmouth）康沃爾郡最頂級的咖啡館，在自己開店以前，老闆 Rupert Ellis 曾在一些大型的咖啡連鎖店工作，並將自身的工作經驗應用在這家店裡。咖啡豆是從當地廠商 Olfactory 和 Yallah Coffee，再加上其他精選歐洲烘豆坊那裡親手挑選的。

　由商店改裝而來的內部空間充滿混搭風格家具，咖啡迷可以找到美味的早午餐菜單，以及一整面寫滿咖啡選項的黑板。但是咖啡迷真正欣賞的卻是美麗的訂做銅飾濃縮咖啡機，品嚐一杯用 Yallah Coffee 的咖啡豆所製作的手工咖啡，這種豆子是在附近的 Argal Farm 用重新調校過的 1950 年代烘焙機手工烘焙而成。穿越康沃爾郡來到 Arwenack 街上，這裡則有前身是甜點店的第二家分店 Espressini Dulce。

BOLD ST COFFEE

89 Bold St, Liverpool;
www.boldstreetcoffee.co.uk; +44 151 707 0760

◆ 餐點　　◆ 交通便利

◆ 咖啡館

一群有志一同的咖啡師因為厭倦替別人的咖啡夢想賣命，2007 年便義無反顧地集資在利物浦創立了第一家義式咖啡館，同時也是最頂級的。Bold St Coffee 位在時尚的 Ropewalks 區中央，是城市音樂家、藝術家、設計師以及創意發想家聚集之處，店內裝飾著大型黑板和木製餐桌，牆上掛的是當地插畫家的作品，帶有龐克與街頭藝術風格。店裡的咖啡豆主要來自四家烘豆廠：Has Bean、Square Mile、Workshop 和位在柏林的 Barn。這裡的氣氛很輕鬆、自在，是一處會令人忘卻那些艱澀咖啡用語、單純享受高品質咖啡的地方。

周邊景點

FACT

這座超棒的電影院及藝廊結合了商業及藝術，會放映主流及藝術電影，也會定期舉辦不同的展覽。*www.fact.co.uk*

Forbidden Planet Liverpool

在這座漫威迷的殿堂裡，可以瀏覽稀有的漫威書籍，或是選購一些漫威電影收藏品。*forbiddenplanet.com*

BAR ITALIA

21 Frith Street, Soho, London;
www.baritaliasoho.co.uk; +44 20 7734 4737

◆ 餐點　　◆ 交通便利

◆ 咖啡館

這座位在蘇活區（Soho）、屹立不搖的傳奇咖啡館開幕於 1949 年，至少曾被寫入兩首歌中：在 Pulp 經典英倫搖滾專輯《Different Class》中，這裡被描繪成「太陽西沉、夜幕低垂時」，流連破舊夜總會之後可以造訪的地方。有鑑於此，儘管經過不同時期的整修，Bar Italia 依然保有當年的福米加塑膠貼面（formica），看上去感覺就像是 1950 年代道地的義大利咖啡吧。

直到最近，這裡還是倫敦西區唯一可以保證喝到不錯咖啡的地方。雖然現在在蘇活區有許多時髦（且據說更棒）的咖啡館，Bar Italia 的地位還是無法被撼動。你還是可以信賴這裡用義大利品牌 Gaggia 咖啡機所烹煮出來，完美又正統的濃縮咖啡。

周邊景點

唐人街（Chinatown）

在中國農曆新年期間，這處充滿餐廳、超市及商店的地方很值得拜訪。

蘇活區（Soho Square）

1684 年規畫而成，每當陽光普照時，這處美麗小巧的廣場便會充滿生機。

CLIMPSON & SONS

67 Broadway Market, London;
www.climpsonandsons.com; +44 20 7254 7199

◆ 餐點　　◆ 課程　　◆ 咖啡館
◆ 烘豆　　◆ 購物　　◆ 交通便利

今日的首都倫敦，精品咖啡店及手工烘豆坊隨處可見，但是 Climpson & Sons 所提供的咖啡產品還是有些許的不同。座落在倫敦東區最時髦的哈克尼區（Hackney）Broadway 市集裡，這間有名的咖啡館將古老與現代做了最完美的結合。十幾年前，創辦人 Ian Burgess 在 Broadway 市集以咖啡推車開始他的事業，但是不久之後便搬到咖啡館現在的所在地。這座破舊但時髦的咖啡店會令人想起倫敦東區往昔的時光：老樣式的窗戶玻璃、富有折舊感的框面以及強烈黑紅相間的字體，這家咖啡店看上去很像是 1940 年代的肉舖（更恰當地說，咖啡館前身就是一家肉舖）。

咖啡館內並沒有桌子，為了鼓勵顧客互相攀談，只有板凳及椅子，一部分的目的是為了這個市集社區提供一個大家可以聚集和會面的場地。每天所供應的咖啡都來自自家的烘焙坊兼小餐館現烘，地點就在靠近倫敦公園（London Fields）鐵道拱廊下一處別具風格的空間裡。公司另有經營咖啡訓練學院，當年的咖啡推車也仍然放在店裡，如果喜歡正宗傳統，還可以從推車買到最原始的咖啡。如果你不知道該如何選擇，可以試試經典特調 Climpson Estate Espresso。

周邊景點

哈克尼帝國劇場（Hackney Empire）

過去作為音樂廳時，此地曾經接待過卓別林及斯坦・勞萊（Stan Laurel）等知名演藝人員，現在這裡則經常舉辦演奏會、喜劇表演、戲劇，以及一年一度的默劇演出。
www.hackneyempire.co.uk

維多利亞公園（Victoria Park）

這座倫敦最古老、占地 86 公頃的國立公園是遊客必經之地。公園裡有湖泊、草地及頗具東方風情的看臺，很適合週末來此散步。

Broadway 市集

倫敦最頂級的食物市集之一就在咖啡館外頭，攤販販賣的東西從埃及的街頭美食到巴爾幹半島的零食、蘇格蘭雞蛋和經典的英國派都有。*broadwaymarket.co.uk*

Viktor Wynd 奇珍異品、自然歷史博物館
（The Viktor Wynd Museum of Curiosities, Fine Art & Natural History）

這座怪異的博物館收藏大量奇珍異品，從絕跡渡渡鳥（dodo）的骨架到神秘藝術品、動物標本，以及令人毛骨悚然的醫療器具。附設迷你雞尾酒吧兼咖啡廳。
www.thelasttuesdaysociety.org

KAFFA COFFEE

Gillett Square, Hackney, London;
www.kaffacoffee.co.uk; +44 7506 513267

◆ 餐點　　◆ 咖啡館
◆ 烘豆　　◆ 交通便利

咖啡館透過一個小攤位將完全不搭軋的衣索比亞鄉村風格，帶到哈克尼（Hackney）中心地帶時髦的 Gillett 廣場上。咖啡豆來自於老闆 Markos 位於衣索比亞的野生咖啡種植園，每天早晨的烘豆香氣吸引許多滑板客、上班族、藝術家聞香駐足，當孩子們在廣場上的遊樂區盡情玩樂時，家長們也會光臨攤位啜飲咖啡。

店家每週會擺攤兩次，供應美味的煎餅（injera）及衣索比亞咖啡，但如果想要嚐嚐真正的衣索比亞咖啡，請週六來訪，你會在攤位看到傳統衣索比亞咖啡的烹煮儀式。這種香氣四溢的超濃的咖啡，傳統上是裝在線條優美的陶壺裡，然後在冒著煙的火爐上加熱烹煮。

周邊景點
The Vortex

位在 Gillett 廣場上由志願者經營的 Vortex（下圖），是哈克尼最棒的演出場所之一，這裡有許多爵士及實驗音樂的巡迴表演。
www.vortexjazz.co.uk

阿布尼公園墓園（Abney Park Cemetery）

從 Gillett 廣場往北走，你會來到風景如畫、綠樹成蔭的阿布尼公園墓園，在這裡安息的都是哈克尼的非英國國教徒。
www.abneypark.org

MONMOUTH COFFEE

27 Monmouth St, Covent Garden, London;
www.monmouthcoffee.co.uk; +44 20 7232 3010

◆ 餐點　　◆ 咖啡館
◆ 購物　　◆ 交通便利

　　蔓延到柯芬園（Covent Garden）的排隊人潮說明了好咖啡依然歷久不衰。在倫敦，咖啡館總是來來去去，但是 Monmouth Coffee 已經在此烘焙、烹煮咖啡超過三十五年之久。

　　身為高品質咖啡的先鋒，Monmouth 依然具有現代感及適切性，對於愛咖啡成癮的人來說，這裡就是咖啡因的源頭。別費力在店內的小房間找位子了，裡頭實在太熱。相反的，建議外帶一杯咖啡及點心到外頭板凳找個地方坐。雖然這裡以牛奶為基底的咖啡調配得很好，但是我們比較偏好直接選擇店裡現貨供應的咖啡豆，店家秤重之後會現場研磨、手工沖煮。知識豐富的員工在現場解釋咖啡豆的味道：衣索比亞的 Aroresa 是一款帶有「新鮮微酸感，以及紅茶和柑橘類風味」的咖啡豆；薩爾瓦多的 Finca Malacara 則帶有黃櫻桃酸味以及中等醇厚口感，有柑橘和焦糖風味。Monmouth Coffee 在 Borough 市集和倫敦南部的 Bermondsey 也有分店。

周邊景點

柯芬園市集（Covent Garden Market）

　　這座遊客聚集的市集也許太過商業化，但是走在 19 世紀的鵝卵石街道上卻是一種很道地的英倫體驗。

Dishoom

　　受到印度孟買所影響，這家印度餐廳將印度菜餚中靈巧和現代化的元素與有趣又好玩的用餐環境做了結合，即使大排長龍大家還是不介意！ www.dishoom.com

Forbidden Planet

　　遊戲玩家與流行文化愛好者來到這裡會非常興奮感！這是一處漫畫、圖像小說、遊戲交換卡牌、日本動漫、桌遊、玩具等等的神聖殿堂。forbiddenplanet.com

Ronnie Scott's

　　自 1959 年開始，蘇活區的 Ronnie Scott 便是頂尖爵士樂手聚集的地方，來過此地表演的包括 Wynton Marsalis 和 Chick Corea。 www.ronniescotts.co.uk

OZONE COFFEE ROASTERS

11 Leonard St, Shoreditch, London;
www.ozonecoffee.co.uk; +44 20 7490 1039

◆ 餐點　　◆ 課程　　◆ 咖啡館
◆ 烘豆　　◆ 購物　　◆ 交通便利

在 Ozone，你也許會被大部分操澳洲及紐西蘭口音的服務生一時混淆，但是不要懷疑，這裡確實是倫敦的肖迪奇區（Shoreditch）。這座咖啡館位在一棟工業風的兩層倉庫裡，靠近老街車站（Old St）、東倫敦科技城矽谷島（Silicon Roundabout）附近的一條小巷中。最好的位子絕對是一樓咖啡吧台旁邊的椅子，一樓還有一個開放式廚房和另一個沒附椅子的吧台。你可以一邊看著員工把煎荷包蛋翻面，或者看咖啡師用愛樂壓煮咖啡。

2012 年 Ozone 在倫敦開業，但是本店 1998 年就開始在紐西蘭營業。全天供應的健康早午餐是這裡的亮點，素食主義者或全素者也適合來此用餐（嫩馬鈴薯、碎洋蔥及花椰菜玉米薄餅佐萊姆、羽衣甘藍、halloumi 起司以及荷包蛋，只是眾多選項之一）。單純只想喝咖啡的人會很享受濾煮式咖啡的好味道，咖啡豆是由自家樓下巨大的 Probat 烘豆機所烘焙。一樓裝潢氛圍就好像是電影的拍攝場景：挑高的天花板，以及可能是有史以來最巨大的廁所空間設計。烘焙示範、杯測及咖啡自煮課程相當受到歡迎；點一杯 Cold Drip Negroni 可以同時滿足你想喝雞尾酒及咖啡的渴望。

周邊景點

St John

這裡是倫敦「從鼻子吃到尾巴」飲食運動的起源。拜盛名遠播的主廚 Fergus Henderson 所賜，這家米其林餐廳一直持續不斷供應最好的餐點。對饕客來說，這裡彷彿就像天堂。*stjohnrestaurant.com*

哥倫比亞路花市（Colombia Rd Flower Market）

你可以計畫在週日來到這座花團錦簇、規模很大的花市參觀。這裡聚集了超過六十家獨立攤商，散發東倫敦昔日街頭推車小販的懷舊風情。*www.columbiaroad.info*

巴比肯（Barbican）藝術中心

不論你喜愛或厭惡野獸派建築，在這座歐洲最大、迷宮般的多元藝術空間裡，你將可以享受許多音樂會、劇場表演和展覽。*www.barbican.org.uk*

老斯皮塔佛德市集（Old Spitalfields Market）

自 1638 年開始，這座有頂棚遮蓋的市集便開始進行交易活動，這個地方風情萬種，你可以看到許多販賣食物、骨董、衣物以及舊唱片的攤販。*www.spitalfields.co.uk*

PRUFROCK COFFEE

23-25 Leather Ln, Clerkenwell, London;
www.prufrockcoffee.com; +44 20 7242 0467

◆ 餐點　　◆ 購物　　◆ 交通便利

◆ 課程　　◆ 咖啡館

在贏得 2009 年世界咖啡師大賽冠軍後，Gwilym Davies 結束了咖啡餐車的生意，於 2011 年開設 Prufrock Coffee，並帶入自己贏得比賽的絕活，為咖啡館帶來多項榮譽，包括歐洲咖啡獎（European Coffee Awards）的「歐洲最佳獨立咖啡館」獎項。

這處令人感到放鬆的空間只有木質地板及簡單的裝飾，極簡的陳設風格清楚暗示此地只專注於咖啡。在這裡，你可以品嚐到幾款來自英國內外烘豆商的咖啡豆，包括 Square Mile（倫敦）、Five Elephant（柏林）、La Cabra（丹麥第二大城奧胡斯）、Drop Coffee（斯德哥爾摩）和 Belleville（巴黎）等等。你可以選擇以濃縮咖啡的形式品嚐，或是讓咖啡師用當週最頂級的豆子為你製作手沖咖啡。不論選擇哪一種，建議你可以在咖啡吧台旁邊拉一把椅子坐下，並向咖啡師討教烹煮咖啡的技巧、咖啡設備的建議以及品鑑咖啡風味的指導。如果餓了，價格合理的自製料理例如三明治、沙拉、水果餡餅、蛋糕及水果派，絕對可以滿足你。

咖啡館地下室還會舉辦由歐洲精品咖啡協會認證的課程，這是 Davies 對咖啡及其工藝的相關延伸。你可以來精進拉花和杯測技巧、學習使用新的烹煮器具，離開時還可以順便帶上一組閃亮全新的咖啡設備。

© Jacob Thue

周邊景點

大英博物館（British Museum）

倫敦最棒的博物館之一，收藏著傳說中的羅塞塔石碑（Rosetta Stone）、帕德嫩神廟雕像以及許多埃及木乃伊。
www.britishmuseum.org

倫敦劇院（Theatreland）

來到倫敦西區，不能不來拜訪劇院……從舞台劇《哈利波特：被詛咒的孩子》到《悲慘世界》，這裡的表演節目直簡令人眼花撩亂。

薩默塞特府（Somerset House）

這是一座俯瞰泰晤士河、帶有新古典主義風格的美麗建築，有當代藝術展覽及現場活動輪流展演。*www.somersethouse.org.uk*

約翰・索恩爵士博物館（Sir John Soane's Museum）

這棟 19 世紀的歷史宅邸隸屬於有名的英國建築師約翰・索恩爵士。自從他離世後，這棟房屋幾乎完封不動。來到這裡就好像回到過去一樣有趣。*www.soane.org*

THE GENTLEMEN BARISTAS

63 Union St, Borough, London;
www.thegentlemenbaristas.com

◆ 餐點　　◆ 購物　　　　◆ 交通便利
◆ 咖啡店　◆ 課程（位於 Store 街）

Henry Ayers 表示：「我們想要擺脫這種日漸興起的貴族咖啡師風氣。咖啡應該是平易近人的，它應該將人凝聚在一起。」2014 年他和 Edward Parkes 共同創立了這家咖啡館，從那時起，他們精心烹煮的咖啡以及兼容並蓄的精神，已成功吸引許多不同的顧客來到位於波羅（Borough）的咖啡店。雖然緊接著又開了第二家分店，靠近霍本（Holborn）的 Store 街，但是 The Gentlemen Baristas 仍舊是最能感受到老倫敦風情的地點。

這裡 17 世紀時原本是一家叫 The Coffee House 的咖啡館，為了向這段過去致敬，裝飾有古董帽子的書架上，擺著布滿原初灰塵的老年鑑《Minute Book No 2 Coffee Trade Federation》。咖啡豆也延續這頂帽子的主題而有了古怪命名：Top Hat（大禮帽）、Deerstalker（獵鹿帽）、Trilby（紳士帽）、Gatsby（報童帽）、Bowler（圓頂高帽）、Pith（狩獵帽）、Panama（巴拿馬帽）、Troubador（吟遊詩人帽）、Boater（水手帽）和 Fez（菲斯帽）或 Stovepipe（高頂禮帽）。偏愛無咖啡因咖啡的人會喜歡 The Pretender：一款經過瑞士水洗法處理過的巴西有機咖啡豆。樓上的空間及花園露臺適合週末來享用早午餐的人，週四到週六晚上還有晚宴。來杯咖啡嗎？推薦 Top Hat 濃縮：來自尼加拉瓜的單品豆，帶有柑橘香氣和特殊的植物韻味。

周邊景點

波羅市集（Borough Market）

這座經營超過千年的市集帶有強烈的社區意識，最近則受到倫敦食物復興運動的啟發。在這裡，你可以和友善的攤販交談、品嚐並且購買到最新鮮的產品。
www.boroughmarket.org.uk

泰德現代美術館（Tate Modern）

從頂樓 10 樓的擴建新館 Switch House 看出去可欣賞泰晤士河景致，館內則有國際現代藝術展。每月最後一個週五還有「Tate Late」延長開館時間的活動。www.tate.org.uk

莎士比亞環球劇場（Shakespeare's Globe）

聽過鼎鼎大名的劇作家莎士比亞吧？踏進這座仿照 17 世紀原型設計的複刻版歷史劇場彷彿時光倒流，還可以觀賞表演。
www.shakespearesglobe.com

熨斗廣場（Flatiron Square）

這是倫敦最新的美食廣場，一處室內和室外的感官饗宴，分布於七座鐵路拱廊下，以及被登錄為二級保護建築的 Devonshire House 之內。www.flatironsquare.co.uk

咖啡新大陸
COFFEE'S NE

隨著精品咖啡的需求成長，業界為了種植珍貴的咖啡豆，一面在全世界開發新產地，一面又振興舊產區。很快地，你就會在咖啡店裡看到來自以下四個新興產區的咖啡。

南加州 SOUTHERN CALIFORNIA

受聖塔芭芭拉（Santa Barbara）附近 Good Land Organics 有機農場的成功影響，這五六年來南加州約有三十個農場部分改種咖啡。Good Land Organics 只種植上等咖啡品種，每磅生豆要價 50 美元以上。由於這是美國繼夏威夷之後第一個種植咖啡的區域，這種歡欣是有感染力的。

剛果 DEMOCRATIC REPUBLIC OF CONGO

剛果的咖啡生產在經過數十年戰爭衝突後終於慢慢回到正軌。這裡的肥沃火山土和熱帶氣候被視為是全世界最有利咖啡生長的環境，並吸引了來自國內外數以百萬元的投資。儘管仍有許多挑戰要面對，剛果的精品咖啡產量正在上升。現在，每年在布卡武（Bukavu）甚至還有 Saveur de Kivu 咖啡節。

南蘇丹 SOUTH SUDAN

比鄰衣索比亞、肯亞的南蘇丹具備生產頂級咖啡的所有條件，同時也是少數幾個有野生咖啡樹的國家。即使如此得天獨厚，飽受戰火摧殘使這裡的咖啡產業幾乎無法立足。經過多年努力和投資，加上喬治·克隆尼（George Clooney）等名人加持，這個年輕的國家終於在 2015 年年底首次出口咖啡。

V FRONTIERS

緬甸 MYANMAR

緬甸在 2011 年擺脫軍事統治後逐漸對外開放，咖啡產業跟著出現轉機。農法和農民教育逐年提升，加上進入市場的管道改善，咖啡日益普及。早年喝過緬甸咖啡的人，讚賞其明亮有果香的風味和順口餘韻。有機會注意一下產自撣邦（Shan state）的波旁（Bourbon）咖啡和藝妓咖啡。

OCE

大洋洲

ANIA

威靈頓 WELLINGTON

　　對有些人來説，有 Windy Welly（風城威利）暱稱的威靈頓或許過於遙遠，但這裡的咖啡品質無與倫比！小白咖啡（flat white）究竟發源於何處，眾説紛紜，而威靈頓是其中一説。這裡有追求完美的咖啡師、到處是個性咖啡館；喝完咖啡後，還可以到水邊散步或爬一下維多利亞山（Mt Victoria）。

墨爾本 MELBOURNE

　　壓碎成抹醬的酪梨、共餐大桌、上等咖啡──這種「墨爾本風格」的咖啡館是優質咖啡業者的全球典範。墨爾本除了是澳洲文化之都，也是美妙的咖啡主題觀光地。踏上朝聖之旅，走在有塗鴉的巷弄內，前往 St Ali 和 Proud Mary 等具有傳奇地位的咖啡館。

奧克蘭 AUCKLAND

　　多虧 Allpress 和 Atomic 等奧克蘭本地烘豆商和他們無私的知識分享，現在在奧克蘭不容易喝到劣質咖啡。想參加咖啡師課程，這裡有；想來杯紐西蘭咖啡，這裡也有許多選擇。滿足了咖啡癮後，可以搭渡輪前往懷希基島（Waiheke Island）遊覽海灘和酒廠。

澳洲

如何用當地語言點咖啡？
Can I please have a _____ ?

最有特色咖啡？ 追求純粹就喝「義式長黑咖啡」，或來杯澳洲人發明的「小白咖啡」（澳洲人說「小白咖啡」源自澳洲）。

該點什麼配咖啡？ 酪梨吐司。

貼心提醒： 最好先研究一下要喝什麼。在澳洲，只說「黑」或「白」咖啡還不夠，必須指明是哪一種黑咖啡或白咖啡。

要聊咖啡，就必須提到澳洲。雖然澳洲人沒有發明咖啡，也不是最早喝咖啡的人，但澳洲——尤其是墨爾本——促成了咖啡今日在全球的樣貌。

墨爾本市中心商業區一直到 1800 年代末期，都還有營業到凌晨的咖啡攤子。而最早可以讓人們聚在一起喝咖啡的場所是「咖啡宮」（coffee palaces）。在「禁酒運動」期間，這些咖啡宮提供了飯店等級的各種設施。咖啡宮大約流行了十年，直到銀行業在 1890 年崩盤，許多咖啡宮殿從此匿跡。二戰期間，美軍將最新的烘豆和研磨技術引進墨爾本。1930 年代，柏克街（Bourke Street）上的 Cafe Florentino（現址為 Grossi Florentino 餐廳）引進了澳洲第一部義式咖啡機。直到 1950 年代和戰後移民潮，咖啡文化才開始在澳洲紮根，開啟澳洲第一波咖啡運動浪潮。

隨著咖啡館和居家沖煮咖啡對高品質的講究，推動了第二波咖啡浪潮。時至今日，第三波浪潮已然接棒。相對於一般商品，咖啡被視為精品，澳洲在這方面打頭陣，咖啡師滿腔熱血，從種植到沖煮等咖啡製作過程的每一步驟都受過訓練；消費者對咖啡豆來源和永續議題的關注，帶來前所未有的涓滴效應。人們要的不只是一杯提神飲品，而是想為更大的理想盡一份心力。

在澳洲這個國家，咖啡不是實用品，而是生活的一部分，人們在意他們的食物從哪裡來、支持了哪些設計師。星巴克在澳洲踢了鐵板並沒有讓澳洲人變得傲慢——我們傾向寫下五家我們喜歡的咖啡店讓你去探索，而不是評論你點的咖啡。

亮藍色的海藻拿鐵、落落長的 menu，上面列著小笛子拿鐵、小瑪奇朵（short

233

話咖啡：SALVATORE MALATESTA

記得有段時間
我們會從海外尋找咖啡靈感。
但大約在 2009 年，
澳洲就走在潮流前端了。

TOP 5
咖啡推薦

- **Proud Mary**：Ghost Rider
- **St Ali**：Orthodox Blend
- **Everyday Coffee**：All Day Blend
- **Seven Seeds**：
  Golden Gate Espresso Blend
- **Market Lane**：Seasonal Espresso

© pisaphotography / Shutterstock; © Joven / Shutterstock

macchiato）、批量沖煮、冰滴咖啡等……有些人可能認為這些場景看起來很時髦，確實，澳洲咖啡產業的核心是一群熱血前鋒；因為有他們，像 Little Collins 等澳洲品牌咖啡館才能成功進軍紐約等大城市。

　　一如所有承先啟後者，St Ali 咖啡帝國創辦人 Salvatore Malatesta 展望未來，預言咖啡館將從工業風內裝走向日式極簡風格。更重要的是，他也定義了未來可能的第四波咖啡浪潮：新世代的咖啡師會更像技術人員或科學家，強調精準。他說：「我認為咖啡師最終會演變成像侍酒師那樣。」

世界咖啡之旅

EXCHANGE COFFEE

Shops 1&2, 12-18 Vardon Ave, Adelaide;

www.exchangecoffee.com.au; +61 415 966 225

◆ 餐點　　◆ 咖啡館
◆ 購物　　◆ 交通便利

曾在倫敦 Workshop 咖啡店工作的 Tom Roden 2013 年創立了 Exchange Coffee，提供本地人優質咖啡體驗。當時他沒料到這個南澳首府就快大舉展開咖啡復興運動，而 Exchange Coffee 將成為眾人追隨的標竿。

咖啡館位於阿得雷德東區 Rundle St，是南澳地區體驗愛樂壓（AeroPress）的最佳地點，甚至還與 Dawn Patrol Coffee（頁 238）共同舉辦愛樂壓錦標賽。店內選用的豆子來自精品混豆商──南澳的 Monday 和墨爾本的 Market Lane。這裡無疑是阿得雷德市中心享用豐盛早餐和精品咖啡的首選。

周邊景點
澳洲國家葡萄酒中心
（National Wine Centre of Australia）

澳洲國家葡萄酒中心所在建物就像一個大型酒桶的一部分，座落在風景如畫的阿得雷德植物園（Botanic Gardens）中。這個迷人空間提供了認識澳洲葡萄酒發展史的互動體驗。www.wineaustralia.com.au

阿得雷德橢圓體育場（Adelaide Oval）

阿得雷德體育場是澳洲首屈一指的運動場，有讓人難忘和暈頭轉向的爬球場屋頂活動。館內的布拉德曼板球收藏館（Bradman Collection）是免費展區，紀念這位全世界頂尖的板球選手。www.adelaideoval.com.au

BLYNZZ COFFEE ROASTERS

43 Ford St, Beechworth, Victoria;

www.blynzzcoffee.com.au; +61 423 589 962

◆ 餐點　　◆ 烘豆　　◆ 購物

◆ 咖啡館　◆ 交通便利

四種豆子可供選擇。天熱時,不妨坐在吧台品嚐一下冰滴咖啡。

周邊景點

Bridge Road Brewers

同樣位於 Ford St 這家 Ben Kraus 的啤酒廠,裡面賣著啤酒和比薩,兩樣都非常出色。這裡適合闔家光臨,是午餐和週末晚間的好去處。*www.bridgeroadbrewers.com.au*

比奇沃思歷史街區 (Beechworth Historic Precinct)

比奇沃思黃金時期的建築有司法大樓 (Court House)、小鎮電報站 (Telegraph Station)、專為方向感不好的探險家羅伯特・歐哈拉・柏克 (Robert O'Hara Burke) 成立的柏克博物館 (Burke Museum) 等。

www.beechworth.com

 在比奇沃思 (Beechworth) 可以從事許多活動。這裡有全澳洲保存最完整的 19 世紀淘金小鎮,延續叢林大盜奈德・凱利 (Ned Kelly) 時代的外觀,不同的是,當時沒有 Bridge Road Brewery 啤酒餐廳、Provenance 餐館和 Beechworth Honey (這裡有數十種蜂蜜可供品嚐) 的美味干擾,也無 Blynzz 的咖啡可喝。

Blynzz 位在貫穿市中心的 Ford St 上,販售著二十幾種主要來自非洲和南美洲的阿拉比卡豆。所有咖啡豆都是現場自烘,再依買家需求以研磨粉末或完整咖啡豆出售。Blynzz 營業時間是週二到週日,每天的義式濃縮有

SIXPENCE COFFEE

15 Wills St, Bright, Victoria;
www.sixpencecoffee.com.au

◆ 餐點　　◆ 烘豆　　◆ 購物
◆ 咖啡館　◆ 交通便利

任何敢自詡為冒險小鎮的地方，都一定有很棒的咖啡館。在布萊特（Bright）這個通往澳洲阿爾卑斯山脈（Australian Alps）的門戶就有這麼一家外頭總是停了一排單車的 Sixpence，2014 年由 Luke 和 Tabatha Dudley 創立，致力於將墨爾本的咖啡產業帶到維多利亞州東北部。Luke 說：「我們喜歡布萊特迷人的社區和優越的地理位置。」2017 年底，Sixpence 搬到新的市鎮中心空間，結合了烘豆坊、咖啡館、商店與蒸餾酒廠；成員除了三位親切的咖啡師外，還有兩位為咖啡館製作新鮮酸麵包和點心的麵包師。招牌配方豆 3741，口感豐潤略帶柑橘酸，還有巧克力、堅果、香料的風味。

周邊景點
布萊特登山車公園（Bright MTB Park）

單車在布萊特很夯，這裡是 Murray to Mountains Rail Trail 自行車道的終點，還有沿著山邊而建的越野車道和單車出租。
www.visitbright.com.au

布萊特啤酒廠（Bright Brewery）

騎完單車後，到本地知名啤酒廠享用艾爾啤酒（ale），釀造啤酒所用的水就地取自酒廠外的阿芬斯河（Ovens river）。
www.brightbrewery.com

THE CUPPING ROOM

1 University Ave, Civic, Canberra;
www.thecuppingroom.com.au; +61 262 576 412

◆ 餐點　　◆ 課程　　◆ 購物
◆ 咖啡館　◆ 交通便利

想在坎培拉最好的咖啡店等到座位，最好要有排隊的心理準備，但這裡值得一等！這家是由在地精品烘豆店 Ona Coffee 開設的有教育理念的概念咖啡店，但顧客卻是為了美食、悠閒氛圍和好咖啡而來。在這裡點咖啡不只是點濃縮咖啡（short black）或小白咖啡這麼簡單。如果你要點黑咖啡，還得決定要用哪一支單品豆；如果點白咖啡，則要選擇配方豆的種類。店內使用的咖啡豆每天都會調整。你也可以直接問他們正在倒的濾煮式熱咖啡或冷萃咖啡是哪一種。我們特別喜歡 Founder 配方豆製作的小白咖啡，帶有深色水果和巧克力風味。

周邊景點
德爾霍爾藝廊（Drill Hall Gallery）

德爾霍爾藝廊為澳洲國立大學（Australian National University）的主要藝廊，用來舉辦展覽，而其最大賣點是 Sidney Nolan 壯觀的巨幅畫作《Riverbend》。dhg.anu.edu.au

澳洲國家植物園
（Australian National Botanic Gardens）

位於黑山（Black Mountain）山腳下的澳洲國家植物園，占地超過 85 公頃，這裡展示著澳洲原生植物，是不可錯過的景點！
www.nationalbotanicgardens.gov.au

VILLINO COFFEE ROASTERS

30 Criterion St, Hobart, Tasmania;
www.villino.com.au; +61 362 310 890

◆ 餐點　　◆ 咖啡館
◆ 購物　　◆ 交通便利

Villino 的存在使荷伯特（Hobart）有許多在地優質咖啡商，這家義式咖啡館（Villino 意為「有院子的小屋」）以優質咖啡與服務累積誠忠顧客；買豆子時可告知口味偏好和家中的設備。Villino 在杭庭菲爾德（Huntingfield，距荷伯特市中心 15 公里遠）的據點有三部 Probast 烘豆機，使用的咖啡豆產自瓜地馬拉、衣索比亞、肯亞、巴拿馬、巴西、哥倫比亞。店主 Richard Schramm 在 Criterion St 還有一家 Ecru，他很自豪店裡的咖啡師能代表塔斯馬尼亞（Tasmania）出席全國比賽。夏天在戶外座位來一杯冰滴咖啡很過癮，而用 Synergy 配方豆沖煮、有天鵝拉花的小白咖啡則是話題飲品。

周邊景點
古今藝術博物館
（MONA，Museum of Old and New Art）

讓人耳目一新又顛覆的古今藝術博物館為荷柏特帶來全世界的關注，到布魯克街（Brooke St）碼頭搭乘接駁渡輪可抵達。
www.mona.net.au

莎拉曼卡市場（Salamanca Market）

找紀念品就到這個熱鬧滾滾的週六戶外市集。三百多個攤位搭在荷伯特水岸旁，賣著美食生鮮、小吃、藝術品、工藝品、古著等等。*www.salamanca.com.au*

DAWN PATROL COFFEE

65 Days Rd, Kangarilla, South Australia;
www.dawnpatrolcoffee.com.au; +61 412 397 536

◆ 餐點　　◆ 烘豆
◆ 購物　　◆ 咖啡館

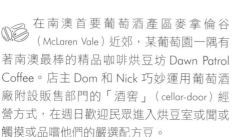 在南澳首要葡萄酒產區麥拿倫谷（McLaren Vale）近郊，某葡萄園一隅有著南澳最棒的精品咖啡烘豆坊 Dawn Patrol Coffee。店主 Dom 和 Nick 巧妙運用葡萄酒廠附設販售部門的「酒窖」（cellar-door）經營方式，在週日歡迎民眾進入烘豆室或聞或觸摸或品嚐他們的嚴選配方豆。

唱盤放著輕鬆的音樂，院子裡有雞群在吃草，Dawn Patrol 服務人員提供手沖咖啡試飲，揭開咖啡體驗的神祕面紗。這家店秉持100% 可溯源理念，店內使用的豆子主要來自非洲和中美洲，帶著濃郁萊姆、莓果和蘋果風味。這個位於酒鄉的創新烘豆坊自許要讓咖啡更加親民，值得一訪！

周邊景點
漾格拉莊園（Yangarra Estate Vineyard）

漾格拉莊園是屢獲殊榮的有機和自然動力（biodynamic）酒莊，Yangarra 在原住民語裡是「取之於大自然」的意思，這裡有品質最好的南法葡萄品種。

The Kitchen Door at Penny's Hill

這裡是麥拿倫谷最美的餐廳，菜單隨著季節調整，食材都是南澳洲最上等的在地農產品。www.pennyshill.com.au

AXIL COFFEE ROASTERS

322 Burwood Road, Melbourne, Victoria;
www.axilcoffee.com.au; +61 3 9819 0091

◆ 餐點　　◆ 烘豆　　◆ 課程
◆ 購物　　◆ 咖啡館　◆ 交通便利

 Axil Coffee Roasters 有句簡單名言：採購、烘焙和生產最好的咖啡。話說得容易，但在創始人——David Makin，2008年世界咖啡師大賽亞軍——的背書下，這些話語舉足輕重。他和妻子 Zoe Delany 一起創立了 Axil，Zoe 同時是首席烘豆師。

　　Axil Coffee Roasters 忠於理念，透過與農民培養關係，以高出標準公平交易價格 25％的價格向農民採購，這裡的咖啡豆品質精良，豆子現場烘焙，用餐環境寬敞又現代化。美味餐點（自製 taleggio 小鬆餅，佐以時令蘑菇、煎蛋、鼠尾草、松露油和美味granola 脆穀片是一絕）和從拉花到基礎義式濃縮等的各種咖啡課程，讓人駐足在這家有誠意的咖啡館。

周邊景點
漫步亞拉河（Yarra River）
　　亞拉河河岸距離咖啡館西南只有幾公里遠。亞拉河全長 242 公里，從亞拉山脈（Yarra Ranges）延伸至到霍布森灣（Hobsons Bay）。*walkingmaps.com.au/walk/1717*

克蘭弗瑞路（Glenferrie Road）
　　熱鬧大街依然是墨爾本當地的焦點。而克蘭弗瑞路位於郊區，這裡是著名獨立書店 Readings 的所在地。

© Tim Grey

INDUSTRY BEANS

3/62 Rose St, Fitzroy, Melbourne, Victoria;
www.industrybeans.com; +61 3 9417 1034

◆ 餐點　　◆ 烘豆　　　◆ 購物
◆ 咖啡館　◆ 交通便利

咖啡美食夢就在 Industry Beans！這裡會讓愛咖啡也愛美食的人喜極而泣，但一開始可能會有點嚇到。你會看到有人站上座位，只為了從上方替擺盤美美的餐食拍一張水平角度的照片上傳 Instagram。你會驚艷這個獲獎的風格設計倉庫空間，主角是烘豆區和開放式廚房。這裡的咖啡 menu 內容詳細，上面有咖啡豆組成圖和色碼，讓人反覆看著，難以決定。還有美味當季餐點，要的話可以搭配咖啡。

兄弟檔 Steave Simmons 和 Trevor Simmons 在 2010 年開了這家歌頌味覺的店，整個作風以實力為後盾。這裡重視細節和成分品質。想不想來一份溫熱的椰子巧克力蛋糕，搭著櫻桃甘納許和有蘭姆酒內餡的牛奶糖呢？還是配個帶 Cherry Ripe（澳洲品牌櫻桃巧克力棒）、血橙（blood orange）、香料蘭姆酒風味的冬日義式濃縮呢？嗯，好！在這裡，顧客可自行選擇要單品豆或配方豆，也可決定沖煮方式（義式咖啡機、濾煮式、冷萃、冷壓法）。但食物只有一種選擇──以咖啡醃製的和牛漢堡，配料有辣椒醬、切達起司、醃櫛瓜，用的麵包是布里歐。

周邊景點

The Everleigh 酒吧

這裡的服務貼心到位，客人離席去洗手間時，店家會幫忙把飲料冰起來保管。讓調酒師為你調一杯客製飲料吧！
www.theeverleigh.com

玫瑰街藝術市集（Rose St Artists' Market）

週末會有七十個攤位聚在這裡，販售出自設計師之手的在地藝術品和工藝品。逛完後就到屋頂上的酒吧 Young Blood's Diner 檢查欣賞一下戰利品。*www.rosestmarket.com.au*

Cutler & Co

這間有建築設計感的高級餐廳，前身是金屬工廠。如要品嚐主廚 Andrew McConnell 的特色料理，請提前訂位。也可以直接坐吧台區，享用經典海鮮菜色。
www.cutlerandco.com.au

Lune 可頌專門店

在《紐約時報》大讚這裡的可頌是世界第一之前，這裡早就是排隊名店。提前預約享受 Lune Lab 美味的三品糕點組合吧！
www.lunecroissanterie.com

MAKER FINE COFFEE

47 North St, Richmond, Melbourne, Victoria;
www.makerfinecoffee.com; +61 3 9037 4065

◆ 餐點　　◆ 烘豆　　◆ 課程
◆ 購物　　◆ 咖啡館　◆ 交通便利

Maker 低調隱身在住宅區靜巷，附近都是倉庫，讓人容易錯過正面鐵捲門。店主 John Vroom 和 Stephanie Manolis 曾在附近的基尤（Kew）經營店面小巧的 Ora，供應使用當季食材、兼顧色香味的用心料理，堪稱墨爾本最好的咖啡店食物；Maker 則延續了一樣的熱情，烘焙和沖煮出墨爾本最好的精品咖啡。白色純淨的店內空間有個磁磚吧台，上面放了一部大 La Marzocco Strada 義式咖啡機和一排手沖道具；而在大玻璃拉門後，Vroom 和烘豆師 Rafael Sans 烘著當季單品豆，好讓顧客喝上一杯裝在手工陶瓷杯裡，令人難忘的濃縮咖啡。可能是產自哥倫比亞薇拉（Huila）的這支 Maven 豆，是精品義式濃縮上等之作，口感微妙豐富，鮮明不帶酸味；用 V60 沖泡出來的單品咖啡也很有層次。夏天，鐵捲門會捲起來，此時應來杯加了橙油、椰花糖的氣泡咖啡，也可以從店家有限的食物選擇中點個糕點或吐司來搭。

周邊景點
Abbotsford Club

還想再來一杯嗎？不妨逛一下紐西蘭精品咖啡前鋒品牌 Coffee Supreme（頁 265）位於巷子裡這家集烘豆坊、咖啡館和商店三種身分於一身的店面。*www.coffeesupreme.com*

卡爾頓啤酒廠（Carlton Brewhouse）

想知道澳洲 pub 裡的啤酒都是從哪裡來的嗎？走一趟卡爾頓聯合啤酒廠（Carlton and United Breweries）位於艾伯茨福德（Abbotsford）的總部，加入「啤酒之河」（River of Beer）導覽行程一探究竟吧！
www.carltonbrewhouse.com.au

亞拉河小徑（Main Yarra Trail）

沿著北街（North Street）東行就能找到亞拉河小徑。這條沿著墨爾本主要河流——亞拉河——的步道兼自行車道，全長 38 公里。

Victoria Street, North Richmond

下了 109 號電車後，朝市區方向往回走，在教堂街（Church Street）和尼克森街（Nicholson Street）之間的這段「小西貢」（Little Saigon strip），可以找到美味的越南河粉。

MARKET LANE COFFEE

Shop 13, Prahran Market, 163 Commercial Rd, Melbourne, Victoria;
www.marketlane.com.au; +61 3 9804 7434

◆ 餐點　◆ 烘豆　　◆ 課程
◆ 購物　◆ 咖啡館　◆ 交通便利

Market Lane 在墨爾本有五家店面，但這家 2009 年創立於普拉蘭市集（Prahran Market）的店是一切的起點，所有咖啡豆都在這裡烘焙，也是最可能巧遇創辦人之一、墨爾本咖啡大咖 Fleur Studd（澳洲起司大師 Will Studd 的愛女）的地方。Fleur 曾在倫敦 Monmouth Coffee（頁 223）工作，2008 年返回澳洲創立 Melbourne Coffee Merchants，成為澳洲第一家符合道德採購標準的優質生豆進口商。你可以從 Fleur 身上學到很多東西，也可以在這裡上烘豆課（甚至還有日語課程）。至於要喝什麼……別因為太多選擇而困擾，直接點 Pour Over Flight，一次享受三種濾煮咖啡！

周邊景點

普拉蘭市集（Prahran Market）

普拉蘭市集是澳洲歷史最悠久、至今仍持續運作的市場（下圖），莊嚴的 1891 年外觀下是蓬勃的現代氛圍。有些攤商甚至是最早期商家的後代。*www.prahranmarket.com.au*

皇家植物園（Royal Botanic Gardens）

皇家植物園（左下圖）位在亞拉河河畔，是占地 36 公頃的野餐天堂，這裡有原生種和來自世界各地的植物，有時會舉辦音樂會等各種活動。*www.rbg.vic.gov.au*

PATRICIA COFFEE BREWERS

Cnr Little Bourke & Little William St, Melbourne, Victoria;
www.patriciacoffee.com.au; +61 3 9642 2237

◆ 餐點　　◆ 購物
◆ 咖啡館　◆ 交通便利

一如墨爾本所有的美好事物一樣，Patricia 也很難覓得。但人到了這裡，選擇就很簡單：本店只有站位，只供應三種咖啡——黑、白、濾煮。店內空間很小，但抬頭就有「陽光」（因為天花板上的霓虹燈管寫著 sunshine）。櫃台另一側，只有對品質的專注，不管是來自職人麵包店的可麗露（用可麗露沾一下阿法加朵，就是所謂的「cloud mountain」），或出自墨爾本頂尖烘豆廠輪番推廣的咖啡豆，如 Market Lane（頁 242）和 Proud Mary（頁 244）。Patricia 有一票固定且品味好的顧客群，而這裡無可挑剔的服務讓人賓至如歸。哥倫比亞義式長黑值得排隊等候！

周邊景點
French Saloon

這家時尚法國餐廳，大門完全沒有標誌，內部空間的焦點是一座法國進口、以鋅金屬為台面的吧台。顧客在紅色天花板下喝著調酒，搭著生蠔和魚子醬，有些客人會直接點乾式熟成牛排。www.frenchsaloon.com

伊恩・波特中心：維多利亞國立藝術館澳洲館
（Ian Potter Centre: NGV Australia）

這個座落在墨爾本聯邦廣場（Federation Square）的顯眼三層樓建築，完整收藏從過去到現在澳洲原住民和非原住民的藝術作品。www.ngv.vic.gov.au

PROUD MARY

172 Oxford St, Collingwood, Melbourne, Victoria;
www.proudmarycoffee.com.au; +61 3 9417 5930

◆ 餐點　　◆ 購物
◆ 咖啡館　◆ 交通便利

週末在這裡大概一位難求，而就算有位子，在這個熱鬧忙碌的紅磚空間，大概也聽不到同伴講話。即使如此，Proud Mary 依然擁有理所當然的高人氣。店內的啡豆是在 Aunty Peg's 新鮮烘焙，以葡萄酒術語來說，基本上 Aunty Peg's 是 Proud Mary 的「酒窖」。Aunty Peg's 位在只有幾步之遙的威靈頓街（Wellington St），在那裡可以試飲、參加杯測課程，或報名在教育中心「柯林伍德咖啡學院」（Collingwood Coffee College）的咖啡師訓練營。Proud Mary 或許有擴大經營的夢想（2017 年 6 月在美國奧勒岡州波特蘭開了分店），但在牛津街（Oxford St）本店，做好咖啡才是重點，這裡的季節菜單還供應美味早餐、早午餐。

自從 Nolan Hirte 在 2009 年開了 Proud Mary 後，Proud Mary 一直是咖啡控的首選。從許多方面可看出 Nolan Hirte 非常重視採購和純粹，除了每年拜訪咖啡農外，他還將兩部三頭 Synesso 義式咖啡機改造成全澳洲唯一的六頭咖啡機，每款單品豆使用專屬咖啡機頭，確保風味不會互相干擾。這裡的氮氣冷萃咖啡是一絕，但不妨試一下單品義式濃縮，你大概沒喝過比這個更純淨的咖啡了！

周邊景點

艾伯茨福德修道院（Abbotsford Convent）

這裡曾是修道院（1861 年），現在是美食、藝術和文化中心。每月第四個星期六有很棒的慢食市集（Slow Food Market）。
www.abbotsfordconvent.com.au

Above Board

這家極簡的小酒吧是喝調酒和聊天打屁的好地方。這裡調酒用的冰塊還是手工切的！
www.aboveboardbar.com

Son in Law

這家創意泰式餐廳連調酒飲料都含泰國烈酒，菜色選擇多元，從傳統咖哩到融合多元創意的料理都有。女婿蛋（Son-in-Law Eggs）很值得推薦。www.soninlaw.com.au

科林伍德兒童農場（Collingwood Children's Farm）

大朋友、小朋友都適合來這裡。在市區內這個可愛農場可親眼看到牛、驢子、馬、豬等動物。www.farm.org.au

SEVEN SEEDS

114 Berkeley Street, Carlton, Melbourne, Victoria;
sevenseeds.com.au; +61 3 9347 8664

◆ 餐點　　◆ 烘豆　　◆ 課程
◆ 購物　　◆ 咖啡館　◆ 交通便利

Mark Dundon 是墨爾本咖啡圈傳奇人物。他創立（並出售）了也在本書出現的頂尖咖啡館 St Ali（頁 246），利用這筆買賣的收益開了氣氛更悠閒的 Seven Seeds。

店名靈感來自 Baba Budan。相傳 Baba Budan 在 16 世紀時將七種咖啡種子從葉門偷渡到印度，當時咖啡長期受到葉門人嚴密監控保護，只有烘焙過的咖啡才可以販售。其餘故事就不在這裡贅述，現在，Seven Seeds 有個性的倉庫氛圍則是美味咖啡的場景。走進店內，可能會看到某支肯亞單品和巴西、薩爾瓦多品種並列在一起，看是要做成濾煮或冷萃。另外也有以義式濃縮為基底的各式咖啡飲品。每週二 9:00 舉辦的公開杯測活動傳授如何鑑賞咖啡、辨識咖啡。活動酌收 4 元澳幣，全數捐助公益。Dundon 後來又多了幾個身分，他除了是咖啡進口商之外，也在宏都拉斯與他人共同持有一座農場，目前則帶著他的紐澳風格咖啡到美國洛杉磯，向挑剔的當地人推廣。

周邊景點

維多利亞女王市場（Queen Victoria Market）

想選購新鮮農產品、買熱騰騰的德式香腸堡，或想帶個紀念品回去致贈親友，來地位崇高的維多利亞女王市場（右上圖）就對了。*www.qvm.com.au*

卡爾頓花園：皇家展覽館
（Royal Exhibition Building, Carlton Gardens）

從 1880 年代開始，這座列入聯合國世界遺產的建築就一直在舉辦各種展覽，主題包羅萬象，從設計市集到樂高展，從啤酒節到藝術博覽會，來這裡肯定好玩。
museumsvictoria.com.au

小義大利街（Lygon Street）

墨爾本的義大利區有各種美味的義大利餐廳，當然也有好吃的義式冰淇淋。我們推薦 DOC Pizza 和 Pidapipo Gelateria 冰品甜品店。

墨爾本大學（University of Melbourne）

墨爾本大學是澳洲最頂尖的大學，校內有許多建築物從 1850 年代就存在至今，因此也讓這個「砂岩（sandstone）學府」更值一遊。

ST ALI COFFEE ROASTERS

12-18 Yarra Pl, Melbourne, Victoria;
www.stali.com.au; +61 3 9686 2990

◆ 課程　　◆ 購物　　◆ 餐點
◆ 烘豆　　◆ 咖啡館　◆ 交通便利

「必訪咖啡館」大概最適合用來形容 St Ali 了。2005 年，Mark Dundon 在南墨爾本一條安靜街道的倉庫開了 St Ali，成為墨爾本第一批設有烘豆坊的咖啡館。St Ali 名號沒多久就傳開來，排隊成了日常。雖然 St Ali 已易主由 Salvatore Malatesta 所經營，其創店初衷不變。目前領導咖啡部門的是 2013 年世界咖啡師大賽亞軍得主 Matt Perger。這裡有多達十三種咖啡豆可供購買，也有許多課程可以參加，包括由 2016 年世界拉花藝術大賽（World Latte Art Championship）冠軍得主深山晉作（Shin Fukayama）指導的拉花課。

St Ali 的季節美食也很受歡迎，2013 年被當地報紙《The Age》評選為最佳美食咖啡館。主題美食之夜，St Ali 會與餐廳（如 Madame Truffle）合作，供應搭配餐酒的晚餐。從這一點也可看出 St Ali 不但有效率而且很有衝勁！

周邊景點
維多利亞國立美術館
（National Gallery of Victoria）

這是澳洲規模最大、參觀人數最多的美術館（右下圖），收藏著大量來自澳洲和世界各地的藝術品、紡織品、攝影作品等。
www.ngv.vic.gov.au

南墨爾本市場（South Melbourne Market）

散步到這個市場，採買新鮮農產品、美味巧克力，或在 Neff Market Kitchen 上個烹飪課。southmelbournemarket.com.au

聖科達海灘（St Kilda Beach）

搭電車前往這個位於聖科達的海灘，你可以在步道上散步，或到歷史悠久的月亮樂園（Luna Park）玩經典遊樂設施。

Avenue Books

人人都需要這樣的社區書店，讓人舒服窩著閱讀文學小說、烹飪書、園藝書、藝術書或童書。

BAREFOOT BARISTA

Shop 5/10, Palm Beach Ave, Palm Beach, Queensland;
www.barefootbarista.com.au; +61 7 5598 2774

◆ 餐點　　◆ 課程　　◆ 購物

◆ 咖啡館　◆ 交通便利

赤腳咖啡師？別被這個看起來散漫的名字給唬弄了。兩位店主對咖啡可是非常正經的，他們除了訓練咖啡師、帶動在地咖啡產業，也為衝浪客、本地商務人士和一般人提供全澳洲最優質的小白咖啡（當然也有卡布奇諾、義式濃縮）。店內的咖啡品鑑筆記，光用看的感覺就有咖啡因，彷彿在這裡喝了來自雪梨 Gabriel Coffee 烘豆坊的蘇門答臘高原單品豆。如果想要更過癮，就點個身兼主廚的共同店長 Liz Ennis 所製作的

瑪芬或蛋糕來搭配。咖啡店隔壁是訓練場地和商店，展示各種咖啡道具和小玩意兒。例如愛樂壓、Ottos 和各形各色的咖啡沖煮「玩具」。

周邊景點
棕櫚海灘（Palm Beach）

沙灘就在東邊 150 公尺遠。來到沙灘可以一心多用，例如邊啜飲外帶咖啡邊觀浪。

可倫賓木棧道（Currumbin Boardwalk）

這一小片紅樹林天堂，就夾在棕櫚海灘黃金海岸公路（Gold Coast Highway）和可倫賓溪（Currumbin Creek）之間。

LA VEEN

90 King St, Perth, Western Australia;
+61 8 9321 1188; laveencoffee.com.au

◆ 餐點　　　◆ 咖啡館
◆ 交通便利

La Veen 的客製化六頭咖啡機身長約兩公尺，屬澳洲之最。店裡賣的每杯咖啡都在這部機器上經過精準沖煮工序，溫度控制在 58℃ 到 62℃ 間。身兼店內咖啡師的店主 Benjamin Sed，態度之嚴謹堪比店裡的精密磨豆機。他以一份對咖啡的一絲不苟和雙份對咖啡教學的熱誠，告訴客人以蒸氣噴嘴加熱的牛奶（steamed milk）會讓美妙的滑順甜味釋放出來，過熱則會燙口和破壞口感。

在 La Veen 這個以老紅磚牆和固定窗圍繞的空間內，隨時有九種咖啡可供選擇。每支豆子都是直接貿易，也會隨季節替換。有些豆子適合義式咖啡機，有些適合濾煮法，也有些適合 15 小時的冰滴。如想挑戰口味，Sed 推薦招牌 Tonicpresso，這名字聽起來苦，但其實頗甜唷！

周邊景點

Varnish on King

隱身在人行道下方的 Varnish on King 是紐約風格威士忌酒吧，人們愛這裡的風味培根、烈酒套餐、「本店只供黑咖啡」的消費政策，和有品味的餐食。varnishonking.com

Uncle Joe's

走進這個巷道般的空間，左邊是新浪潮理髮院，前面有喝咖啡的地方，後面則是個柳暗花明的工業風天井空間。unclejoes.com.au

PIXEL COFFEE BREWERS

2/226 Oxford St, Leederville, Western Australia;

+61 448 085 889

◆ 餐點　　◆ 購物

◆ 咖啡館　◆ 交通便利

狹長店面以原生花卉妝點，小到只放得下四張桌子，表現卻很亮眼。這家有著磁磚牆的明亮咖啡館由兩位女性區域冠軍咖啡師經營，她們曾受雇於在地烘豆坊 Five Senses，卻不會只用 Five Senses 的咖啡豆。白色 Synesso 咖啡機除了沖煮 Five Senses 客製化配方豆，也會交替使用其他烘豆店的單品豆，如伯斯的 Mano e Mano 和走精品路線的 Coffeefusion。家常特調義式濃縮巧妙結合在地的牛奶，帶有均衡的巧克力和鹹焦糖風味，上頭還有天鵝圖案的拉花。

周邊景點

The Re Store

走進這家老派專賣店，很快就想跟穿著白色制服的店員點些 mortadella 義式香腸或莫札瑞拉起司（mozzarella）；這裡的脆皮餐包也是一絕。www.facebook.com/ReStoreOxford

Luna Leederville

不管是澳洲本地製作或外來片，Luna Leederville 都是看另類電影的好去處。夏天還有露天電影院，可以享受星空下看電影的樂趣。lunapalace.com.au

TELEGRAM

Inside the State Buildings, Cnr St Georges Tce and
Barrack St, Perth, Western Australia;
telegramcoffee.com.au; +61 8 9328 2952

◆ 購物　　◆ 咖啡館　　◆ 餐點
◆ 課程　　◆ 交通便利

身處在西澳首府最古老郵政總局（General Post Office）的歷史建物裡，光看歷史就大大加分。Telegram 帶著店招牌和有設計感的門面登場，其攤位是個巨大拋光尤加利木盒，開店時像一封打開的信，門板移開後就看得到攤位內部。這些門板是靠一套鐵製滑輪系統來控制，本是建築物內擁有一百四十歷史的升降架，過去穿梭在各樓層間運送郵務檔案。光是這個雕塑般的攤位設計就如此用心，可想見 Telgram 對咖啡的態度必然更加嚴謹。

Telegram 的老闆兼首席咖啡師 Luke Arnold 是出了名的追求完美，粉絲一路跟著他征戰伯斯許多咖啡店，直到他終於在 2015 年開了這家店。這裡的咖啡正如其名「電報」，連線到世界各地。Arnold 花了三個月的時間，與在地烘豆商 Leftfield 嘗試各種組合才調出帶巧克力、榛果、焦糖風味，又能和牛奶完美搭配的配方豆。這裡的批量濾煮咖啡和單品義式濃縮用的是本地烘豆店 Twin Peaks 和 Blacklist 的豆子。

這裡是市區必訪景點，總有長長人龍等候，因此店家無暇手沖，但對需要到處跑的人來說，買杯冰鎮的濾煮咖啡是沒問題的。

周邊景點

Petition Kitchen

這家牆面漆著斑駁質感的餐廳，有伯斯最上乘的珍饈，如一分熟袋鼠肉排佐煙燻中東奶酪（labneh），或酸淡菜佐茴香花粉和佩諾茴香酒（Pernod）。*petitionperth.com*

袋鼠雕像（Kangaroo sculptures）

在史特林花園（Stirling Gardens，伯斯市中心最古老的公共花園）裡有袋鼠一家子在人行道上跳躍，還有就著噴泉喝水的袋鼠。這些雕像非常栩栩如生。

市議會大廈（Council House）燈光秀

夜晚時分，這棟伯斯必看的 1960 年代野獸派（Brutalist）建築會化做迪斯可舞廳的樣子，大樓外牆上的 22,000 顆 LED 燈帶來炫目的舞蹈視覺饗宴。*perth.wa.gov.au/council-house*

Long Chim

想吃熱騰騰又道地的泰式小吃，就來位在地下室、有圓弧天花板的 Long Chim。其實，光是店內牆上的街頭藝術就讓這家餐廳值得一訪了。*longchimperth.com*

CAMPOS COFFEE

193 Missenden Rd, Newtown, Sydney, New South Wales;
www.camposcoffee.com; +61 2 9516 3361

◆ 餐點　　◆ 購物
◆ 咖啡館　◆ 交通便利

當你站在醫護人員、學生後面排隊時，就能聞到現磨咖啡的迷人香氣。Campos Coffee 店面很小，後頭只有幾張桌子，窗邊還有若干座位，還好多數客人都是要去附近醫院或大學，在這裡順道停留買外帶。咖啡是這裡的重點，但櫃子邊總堆著美味糕點。喝膩了義式濃縮，可以試試精品濾煮咖啡或冰滴。Campos 以向生產者直購咖啡豆、資助產地國發展計畫而自豪。這裡雖然也有販售單品豆，但 Campos Superior Blend 配方豆質優值得一試！

周邊景點
國王街（King St）

　　Newtown 的波希米亞風購物商圈有些特色酒吧、餐廳和商店，喜歡書、搞怪精品或古著的人會喜歡這裡的。

坎伯當墓園（Camperdown Cemetery）

　　加入本地歌德風格愛好者和業餘攝影師的行列，逛逛這個美麗又有點頹廢的維多利亞時代墓園吧！*www.neac.com.au*

EDITION COFFEE ROASTERS

265 Liverpool St, Darlinghurst, Sydney,
New South Wales; editioncoffeeroasters.com

◆ 餐點　　◆ 購物
◆ 咖啡館　◆ 交通便利

在達令赫斯特（Darlinghurst），喝咖啡是很普遍的，即使如此，Edition Coffee Roasters 店主 Daniel Jackson 還是能讓這個城市的咖啡圈變得不一樣。走進這家明亮的北歐風空間，時間好像消磨得特別快。這裡只賣單品咖啡，黑咖啡是王道。對於食物和咖啡，這裡的理念是「用心呈現好食材」。主廚 Jack New 從日本居酒屋尋找菜單靈感，端出了章魚散壽司、櫛瓜花沙拉等時令菜色，出菜時都會讓其他客人忍不住

多看一眼。Edition Coffee Roasters 現在晚餐時段也營業，可以早晚各來一杯批量濾煮咖啡！

周邊景點
布雷特‧懷特利工作室（Brett Whiteley Studio）

　　已故藝術家布雷特‧懷特利的工作室現在是藝廊，展示他部分的傑作。不過，這個地點不太好找。
www.artgallery.nsw.gov.au/brett-whiteley-studio

達令赫斯特劇團（Darlinghurst Theatre Company）

　　達令赫斯特是雪梨的藝術發源地，這個劇團的作品多元，橫跨經典劇與實驗性劇場。
www.darlinghursttheatre.com

253

MECCA

26 Bourke Rd, Alexandria, Sydney, New South Wales;
meccacoffee.com.au; +61 2 9698 8448

◆ 課程　　◆ 購物　　◆ 餐點
◆ 烘豆　　◆ 咖啡館　◆ 交通便利

「mecca」指的是「對特定族群有吸引力的地方」。有一群被 Mecca 圈粉的人，十多年來都熱愛著這裡的 Darkhorse 配方豆。雖然 Mecca 在環形碼頭（Circular Quay）、市中心、阿爾蒂莫（Ultimo）都有店面，但這家亞歷山大（Alexandria）分店因執行長 Paul Geshos 跟烘焙店 Brickfields 有交情，而多了一個美食附加優勢。Brickfields 位在奇本德爾（Chippendale），他們的歐式麵包、各類糕餅很受歡迎。

Mecca 開在工業風舊倉庫裡，鐵件和有窗戶的牆面將前身是油漆工廠的空間與咖啡店空間區隔開來；而咖啡店空間還曾經是妓院。坐下來喝品嚐招牌「CEO 特製醃菜拼盤」，順便觀察玻璃隔板另一頭的首席烘豆師 Daniel May 如何工作，畢竟咖啡是這裡的重點。

Geshos 是澳洲咖啡圈的先鋒，他周遊世界，與農夫培養關係並引進最好的產品到自己店裡，再透過烘焙提升咖啡豆的風味層次。

別光聽我們的話就相信了，你得親自喝一下 Kalita 咖啡機沖泡出來的咖啡，感受這份咖啡之愛。

周邊景點

The Brewery Bar

別擔心要跑很遠才有啤酒喝，離 Mecca 不遠的 Brewery Bar 就有現釀 Convict Lager 拉格啤酒可以慢慢享用。*rocksbrewing.com*

雪梨公園（Sydney Park）

雪梨公園裡高聳的磚窯像哨兵一樣看守著這片占地 40 公頃的公園，裡面有溼地和遊樂場。*www.cityofsydney.nsw.gov.au*

Urban Winery Sydney

沒空造訪新南威爾斯地區的酒窖嗎？那就逛一下 Urban Winery Sydney 吧！這個由實驗釀酒師 Alex Retief 所成立的酒窖，是澳洲第一個大型市區酒窖。*urban winerysydney.com.au*

Culture Scouts 文化導覽行程

想透過私人或公開導覽行程認識不同的雪梨嗎？這個行程會介紹整個城市文化圈的內幕知識。*www.culturescouts.com.au*

SINGLE O

60-64 Reservoir St, Surry Hills, Sydney, New South Wales;
singleo.com.au; +61 2 9211 0665

◆ 餐點　　◆ 購物
◆ 咖啡館　◆ 交通便利

2003 年，Single O 的故事從這裡開始，這個以「紙、咖啡、濾煮」為設計靈感的空間是設計師 LuchettiKrelle 的作品。雖然烘豆區已遷到波特尼（Botany），但在這個年輕人聚集的路邊小店，空氣中依然瀰漫著一股新鮮烘焙的豆香。至今，Single O 員工仍忙著採購、試豆、杯測、烘豆、測量、校準、微調、混豆、試喝。

幾年前，這家有著 Brett Chan 牆壁藝術的咖啡館感覺還有點像祕密團體。現在，提供合乎道德採購基礎的食物和單品咖啡，幾乎成了全國運動。而位於瑟瑞山丘的 Surry Hills 的 Single O，對在地社區也多有貢獻，例如為街友募款、支持提供難民穩定就業的計畫。工作團隊還對浪費宣戰，鼓勵顧客購買自家品牌隨行杯 Keep Cups，並設計出一種打開水龍頭就有牛奶可用的系統 The Juggler，以減少一次性塑料的使用。來這裡點一碗有黑米和時令蔬菜的 MothershipBowl，再來一杯本週濾煮咖啡，離開時帶包 Reservoir 配方豆！

周邊景點

Chicken Institute

這家專攻雞肉料理的餐廳位於瑟瑞山丘（Surry Hills），不管是油炸、裹黏稠沾醬、蒜味或用霹靂辣醬（peri peri）等口味一應俱全，點個啤酒來搭最對味！
www.chickeninstitute.com.au

阿爾弗雷德王子公園（Prince Alfred Park）

這個占地 7.5 公頃的美麗公園是野餐首選，裡面有兒童遊樂區、網球場和一個 50 公尺室外溫水游泳池。

瑟瑞山丘市集（Surry Hills Market）

瑟瑞山丘市集辦在每月第一個星期六，來這裡翻衣架桿、尋寶找古著吧。
shnc.org/events/surry-hills-markets

The Cricketers Arms

Cricketers Arms 餐酒館很受歡迎，點個酒，看看板子上的本日特餐有什麼，有時像牛排薯條這樣的酒吧餐有時只要 10 澳幣。
www.cricketersarmshotel.com.au

THE GROUNDS OF ALEXANDRIA

7A/2 Huntley St, Alexandria, Sydney, New South Wales;
thegrounds.com.au; +61 2 9699 2225

◆ 餐點　　◆ 烘豆　　◆ 課程
◆ 購物　　◆ 咖啡館　◆ 交通便利

想了解雪梨咖啡文化的沿革，就要回到 The Grounds of Alexandria 問世前的時期。這家歷史悠久的咖啡店，現場自烘咖啡豆，堅持完美咖啡品質。尖峰時段，這裡時髦的空間會擁擠起來，因為這家店會讓人不知不覺吃起糕點消磨時間。週六早上，美輪美奐的場地變身成市集，除了有以最新濾煮和義式濃縮技術沖煮的咖啡外，還有各式攤位和店裡可愛農場的人氣豬 Kevin Bacon 亮相。帶著咖啡控的心情，點個兩人份咖啡套組吧！

周邊景點
米契爾路古物雜貨 & 設計中心
（ Mitchell Road Antique & Design Centre ）

來到這個位在舊市區的古物雜貨店，沉浸在復古氛圍中，只要認真挖寶就能找到舊時代的美好。*mitchellroad. wordpress.com*

The Potting Shed

如果擠不進去高人氣的 The Grounds of Alexandria，就到隔壁這方綠洲享用療癒食物和調酒。*thegrounds.com.au/Spaces/potting-shed*

TOBY'S ESTATE

32-36 City Rd, Chippendale, Sydney, New South Wales;
www.tobysestate.com.au; +61 2 9221 1459

◆ 餐點　　◆ 烘豆　　◆ 課程
◆ 購物　　◆ 咖啡館　◆ 交通便利

Toby's Estate 草創於雪梨近郊伍爾盧莫盧（Woolloomooloo），地點就在 Toby Smith 母親家的庭院，一路走來，愈發壯大，至今已是六百多家獨立咖啡店的供應商，並在雪梨、墨爾本、布里斯本設有自己品牌的咖啡館——更別說在新加坡、馬尼拉、紐約都有海外布局。Toby's Estate 在雪梨還開辦了咖啡學校，教學對象是咖啡師和一般對咖啡有興趣的民眾。他們在巴拿馬擁有自己的咖啡莊園 Finca Santa Teresa。齊本德爾（Chippendale）旗艦店位在維多利亞公園對面的舊倉庫內，menu 是依咖啡產地為發想。在這裡可以一邊啜飲著虹吸壺煮出來的咖啡，一邊從後窗欣賞烘豆過程。

周邊景點

維多利亞公園（Victoria Park）

占地 9 公頃的草地上有大學生慵懶躺在上面，草地中間有景觀池和戶外游泳池。

尼克爾森博物館（Nicholson Museum）

尼克爾森博物館位在雪梨大學（University of Sydney）校園內，收藏著南半球最豐富的文物。*www.sydney.edu.au/museums*

WOLFPACK COFFEE ROASTERS

10 Edwin Street, Mortlake, Sydney, New South Wales;
www.wolfpackcoffee.com.au;

◆ 餐點　　◆ 烘豆　　◆ 課程
◆ 購物　　◆ 咖啡館　◆ 交通便利

Urban Dictionary 將 wolfpack 定義為「一群因愛、忠誠、互相尊重而建立情誼的朋友」。店主 Daniel Plesko 和太太 Irene 將 wolfpack 概念用在配方豆的發想上，莫特萊克（Mortlake）也因為這家店的好豆子而出名，例如 Alpha 這款對澳洲 Cherry Ripe 櫻桃巧克力棒展現癡迷的巧克力味深焙綜合豆。

Wolfpack Coffee Roasters 新址位於莫特萊克的輕工業區，三角窗店面結合了咖啡館和烘豆區，對面是個小公園。在這裡可以看到什麼叫「物以類聚」：從配備齊全、穿著緊身衣、踩名貴腳踏車的中年男子，到生意人和帶著小孩的媽媽……每個客人都在補充著咖啡因，吃著火腿起司吐司。在陽光下享用一杯完美小笛子拿鐵，再搭一口可頌甜甜圈或檸檬、開心果和杏仁蛋糕。完美！

周邊景點
CNR58 Café

位在轉角的 CNR58 Café 小餐館既是咖啡店也是禮品店。這家店因為供應美味午餐（如味噌鮭魚佐茄子）而在康科德（Concord）打出名號。

柯柯達紀念步道
（The Kokoda Track Memorial Walkway）

這條步道沿著布瑞斯海灣（Brays Bay）而建，全長 800 公尺，紀念參與二次世界大戰的澳洲軍人。www.kokodawalkway.com.au

© Rudy Balasko / Shutterstock

紐西蘭

如何用當地語言點咖啡？
I'll have a flat white, thanks mate
最有特色咖啡？小白咖啡。
該點什麼配咖啡？路易斯蛋糕（Louise cake），一種以碎餅乾為底、上有一層果醬和椰子蛋白霜的甜點。
貼心提醒：不要冒出這句：「我們去星巴克吧。」本地咖啡控會以為你在開玩笑。

不可否認，紐西蘭這個遺世獨立於南太平洋的小國，對全球咖啡文化有著巨大影響。而紐西蘭從「長白雲之國」（Land of the Long White Cloud）搖身變成「小白咖啡之境」，這個轉變除了突然之外，也讓人驚奇。

紐西蘭在 19 世紀被有喝茶習慣的英國人殖民，而咖啡則長期專屬來自地中海區域的外來移民。未來鉅變的種子於 1980 年代播下。來自南部城市但尼丁（Dunedin）的獨立音樂廠牌「飛行修女」（Flying Nun Records）逐漸活躍起來時，波西米亞風格的咖啡館，如奧克蘭的 Cafe DKD 和威靈頓的 Midnight Espresso，成為獨立音樂家、大學生和想法另類但年紀太小還進不了 pub 的青少年消磨時間的地方。

大約就在此時出現了「小白咖啡」（flat white）這個詞，指用小杯子裝的義式濃縮，上有一層質地絲滑柔順的熱牛奶。紐澳兩國爭論自己才是小白咖啡的發源地，紐西蘭這方說「flat white」一聽就非常紐西蘭，因為夠直白，就像「南島」、「北島」的命名那樣不拐彎抹角。

1990 年代初，一些新型態的咖啡館將烘豆納入經營項目，並開始賣咖啡豆給競爭對手。這些專業烘豆商家很快就發現，他們的商譽除了建立在產品本身的品質外，咖啡館客戶處理咖啡的能力也很重要。於是，他們開始提供訓練課程，教導客戶如何萃取完美的義式濃縮、如何將牛奶完美「延展」出小白咖啡那樣的質地。直到 1990 年代中期，所有大城市都找得到優質咖啡館，這股風潮迅速蔓延到主要城鎮，最後，幾乎全國各地都有咖啡店了。

在紐西蘭，咖啡文化已蔚為主流，而且有一定的品質。當大型美式連鎖咖啡店試圖以咖啡風味飲品進攻紐西蘭時，紐國人早已喝慣了在地原先就容易取得、品質也更好的咖

話咖啡：SAM CROFSKY

在人口多的地方，
「平庸」還過得去。
但在這裡，不好就是淘汰。

TOP 5
咖啡推薦

- **Coffee Supreme**：Supreme Blend
- **Havana Coffee Works**：Cuban Real Trade
- **Atomic Coffee Roasters**：Veloce Blend
- **Allpress Espresso**：Rangitoto Blend
- **Hummingbird Coffee**：Re:START Blend

啡。在紐西蘭，喝咖啡並不是什麼展現高尚品味的刻意活動，像「第三波浪潮」這樣的字眼其實也沒什麼人討論，雖然有咖啡館提供了單品冷萃或虹吸咖啡以迎合鑑賞家的品味，多數人愛的還是高品質特調義式濃縮。

　　紐西蘭人愛好旅行，許多人視「出國遊歷」為成年禮。而到英國（最多人選擇的目的地）遊歷的紐澳年輕人除了不滿意英國的天氣外，最大的抱怨是英國沒有像樣的咖啡館。有些人在遊英時趁機開了自己的店，為倫敦的咖啡圈注入新血。從英國希斯洛（Heathrow）到美國休士頓（Houston），受過紐澳咖啡文化薰陶的咖啡師成了熱門人才，紐式風格咖啡館更是遍地開花。任何一家紐式咖啡館都保證會有好咖啡！

© Justin Foulkes / Lonely Planet

ALLPRESS ESPRESSO

8 Drake St, Freemans Bay, Auckland;
www.allpressespresso.com; +64 9 369 5842

◆ 餐點　　◆ 烘豆　　　◆ 課程
◆ 購物　　◆ 咖啡館　　◆ 交通便利

Allpress 是紐西蘭咖啡產業的先鋒。從 1986 年草創時，當時年輕的 Michael Allpress 在維多利亞公園某個角落經營咖啡車，到現在已躋身成為少數跨國經營的獨立烘豆商。雖然 Allpress 在奧克蘭、基督城、但尼丁、墨爾本、雪梨、拜倫灣（Byron Bay）、東京、倫敦設有烘焙咖啡館，但 Allpress 的重點是為獨立咖啡店提供品質穩定的咖啡豆（依 Allpress 自己的熱風烘豆法烘焙）和咖啡師培訓。目前，Allpress 的客戶遍及五個國家共一千多家咖啡館，甚至出版《Press》雜誌，裡面會介紹 Allpress 在世界各地合作的咖啡館中，有哪些有趣的藝術類型人物。奧克蘭烘豆坊位於市區邊緣，隱身在後巷舊倉庫內，一樓有個小咖啡廳和藝廊。這裡提供輕便餐食，如活力早餐碗、三明治、蛋糕、義大利脆餅。咖啡是這裡的主角，想點冷萃咖啡當然沒問題，但 Allpress 自認是濃縮咖啡的專家。店裡有多種配方豆可選擇，Rangitoto（以奧克蘭著名火山島命名）值得試試看。

周邊景點

維多利亞公園市集（Victoria Park Market）

園區內矗立著一座高聳的磚砌煙囪，這裡有一整群維多利亞時代的工業風建築，裡面現在有商店、酒吧和餐廳。
www.victoriaparkmarket.co.nz

溫耶德區（Wynyard Quarter）

奧克蘭這一帶海濱區仍在進行重建工程，但有一整排餐廳的步道是散步的好地方。
www.wynyard-quarter.co.nz

天空塔（Sky Tower）

奧克蘭天空塔是南半球最高的建築，登上塔頂可看到整個市區和海灣的壯麗景色。如果想找更刺激的樂子，這裡還有高空彈跳。
www.skycityauckland.co.nz

龐森比路（Ponsonby Road）

在紐西蘭，龐森比路是流行精品店、酒吧、咖啡館和餐廳的代名詞，這裡有各種高檔餐飲。www.iloveponsonby.co.nz

ATOMIC COFFEE ROASTERS

420c New North Rd, Kingsland, Auckland;
www.atomiccoffee.co.nz; +64 9 846 5883

◆ 餐點　　◆ 烘豆　　◆ 課程
◆ 購物　　◆ 咖啡館　◆ 交通便利

1990 年代初期，奧克蘭咖啡文化蓬勃發展，當時的 Atomic 是重要的參與者，如今已成業界老字號，但依舊保持活躍，能與年輕一輩較量。旗下有位咖啡師參加了 2017 年全國拉花錦標賽。金士蘭（Kingsland）分店就是典型的奧克蘭風咖啡館，店外頭停了一輛復古露營車，店內是工業時尚的倉庫風裝潢，櫃台上陳列著美味食物，還有一扇窗戶可看到後頭閃亮亮的烘豆機。Atomic 販售四種特調咖啡和兩種單品咖啡，奶類也有不同選擇（一般、低脂、豆漿、椰奶、杏仁奶）。不妨捨棄氣泡冷萃咖啡，試試 Veloce 配方豆煮出來的濃縮咖啡。

周邊景點

伊甸運動園區（Eden Park）

別錯過紐西蘭國家橄欖球隊 All Blacks 在本國出賽，而且是在全球知名的橄欖球館場內！www.edenpark.co.nz

伊甸山（Mt Eden）

伊甸山高 196 公尺，是奧克蘭地峽上數十座火山中最高的。爬到山頂可以看到火山口和整片美景。

C1 ESPRESSO

185 High St, Christchurch;
www.c1espresso.co.nz; +64 3 379 1917

◆ 餐點　　◆ 烘豆　　◆ 購物
◆ 咖啡館　◆ 交通便利

2011 年，地震摧毀了 C1 的原址，當時，堅定的團隊成員堅毅地拍拍身上的灰塵，決定重新開始。隔年，他們在市中心幾個倖存的建築物中，覓到一棟裝飾藝術風格的郵局，決定在這裡的一樓重新出發，而四周依然是被震災夷為平地的街道。

新址內裝隨處可見從受災建物回收使用的物件，如從修道院搶救下來的維多利亞風格木鑲板、藝術中心（Arts Centre）的 1970 年代球形燈具。其他巧思還有用勝家（Singer）老裁縫機改裝的飲水機、用來隱藏廁所入口的滑動書櫃、會將漢堡啤酒直接送到顧客座位的氣壓傳送管。

C1 注重環保永續，裝有太陽能板、容量五千公升的雨水收集桶，門外有一大片廚房花園（由街友負責照料），另外還與薩摩亞（Samoa）幾戶農家合作生產的單品 Kofe Samoa 咖啡豆、Koko Samoa（冷萃罐裝可可）、果泥飲料和特色茶飲，如咖啡漿果製成的咖啡漿果飲（cascara）。

想喝點不一樣的就試試 Fat Black——這是店家用自烘招牌 C1000 配方豆沖煮，倒入椰子油、香草和肉桂的創意咖啡飲品。

周邊景點

地震博物館（Quake City）

2010 年和 2011 年的地震大規模摧毀了基督城，造成 186 人喪命。這座小博物館透過文物和影像將這些事件重現世人眼前。
www.canterburymuseum.com

教堂廣場（Cathedral Square）

可以來這裡看一下基督城市政中心地帶和基督城大教堂（Christchurch Cathedral）的災後重建進度。這裡有大教堂在 2011 年 2 月地震後留下的殘骸。

基督城紙教堂（Transitional Cathedral）

基督城紙教堂（上圖）由日本建築師坂茂（Shigeru Ban）所設計，暫時取代在地震中嚴重受損的基督城大教堂，教堂主結構由 98 根大型紙管撐起。www.cardboardcathedral.org.nz

基督城現代藝術館（Christchurch Art Gallery）

在這棟波浪狀玻璃帷幕建物的裡面，陳列著基督城最頂尖的紐西蘭在地和國際藝術作品，另外還有些有趣的特展。
www.christchurchartgallery.org.nz

HUMMINGBIRD COFFEE

438 Selwyn St, Addington, Christchurch;
www.hummingbirdcoffee.com; +64 3 379 0826

◆ 餐點　　◆ 烘豆　　◆ 課程
◆ 購物　　◆ 咖啡館　◆ 交通便利

這些年來，Hummingbird 創造了許多「第一」。它是紐西蘭第一個進口公平貿易有機豆的烘豆店，也是最先獲得 100％有機認證者。但最讓基督城人稱道的是，Hummingbird 是第一個進駐 Re：START Mall 的商家。在 2011 年大地震發生八個月後，這個露天購物中心的開幕為當時的基督城注入一劑強心針。Hummingbird 還推出 Re:START 公益配方豆，每賣出一包就捐出紐幣 30 分給災後重建計畫。其旗艦咖啡館和烘豆坊的建築物屬於維多利亞時代的建築，前身是 Oddfellows Hall，舉辦過女性參政會議，因此促成了另一個「第一」：紐西蘭在 1893 年成為第一個給予女性投票權的國家。

周邊景點

宮廷劇場（Court Theatre）

Hummingbird 透過銷售 Re：START 公益配方豆，募集 13 萬紐幣捐助劇團，協助劇團遷到阿丁頓（Addington）新址 The Shed 大樓。*www.courttheatre.org.nz*

海格利公園（Hagley Park）

寬闊的海格利公園占地 165 公頃，有草地、櫻桃樹，還有雅芳河（Avon River）環繞。公園中心是美麗的植物園（Botanic Gardens）。*www.ccc.govt.nz*

DEVIL'S CUP

44 Bedford St, Patea, South Taranaki;
www.devilscup.co.nz; +64 21 176 9177

◆ 烘豆　　◆ 課程
◆ 購物　　◆ 咖啡館

帕蒂亞（Patea）地處紐西蘭北島西海岸，因在地樂團 Patea Maori Club 排行榜冠軍歌曲《Poi E》而出名，這首歌榮登紐國 1984 年最暢銷單曲。小鎮人口 1140 人，擁有自己的有機公平貿易烘豆坊，由此看出紐西蘭咖啡產業有著普及平實的特質。Devil's Cup 所在的建築在 1874 年是銀行，現在也是店主 Kevin Murrow 的住所。店內烘焙的咖啡豆來自在地公平交易組織 Trade Aid。Devil's Cup 配方豆主要透過線上交易，最近這個舊銀行空間已改造成咖啡館和藝廊，展示 Kevin Murrow 版畫藝術家妻子 Michaela Stoneman 的作品。來這裡務必要嚐一下 Bank Blend 義式濃縮！

周邊景點

帕蒂亞海灘（Patea Beach）

在帕蒂亞最重要的活動是漫步在天然黑色沙灘上。比起游泳，這裡更適合散步。

塔惠提博物館（Tawhiti Museum）

這家私人博物館鄰近哈維拉（Hawera），收藏精緻立體模型，並附設叢林鐵道設施和室內遊船，遊客可以搭船遊賞有燈光照明的歷史故事場景。www.tawhitimuseum.co.nz

CUSTOMS BY COFFEE SUPREME

39 Ghuznee St, Te Aro, Wellington;
www.coffeesupreme.com; +64 4 385 2129

◆ 餐點　　◆ 購物
◆ 咖啡館　◆ 交通便利

Coffee Supreme 是南半球精品咖啡的先鋒，旗艦門市 Customs Brew Bar 除了有展示功能，也是在威靈頓享用 Coffee Supreme 咖啡的最佳地點。Customs 於 2010 年開業，其迷人的木鑲板內裝散發著 20 世紀中葉北歐居家空間的氣息，與其老派沖煮方式互相呼應，店內美麗木料則大都是創始人 Chris Dillon 和 Maggie Wells 從他們的舊農舍回收再利用。Customs Brew Bar 希望能重新將 soft-brew 介紹給熱愛濃縮咖啡的威靈頓人，牆上櫃子還陳列著各式濾泡器具——如虹吸壺、鍋具、摩卡壺、Moccamaster 咖啡機。

Customs Brew Bar 的 menu 上有九種單品豆，還可以選擇用 Fetco 批量沖煮、V60、Chemex、冷萃等沖煮方式，當然也有義式濃縮。哥斯大黎加 La Cruz 的批量沖煮澄淨帶水果風味，略有巧克力和柑橘甜味；而宏都拉斯 Yire 這支豆子用 V60 則可沖出美味有層次的咖啡。這裡的特調義式濃縮選自 Coffee Supreme 的 Ratio 系列。店內餐點選擇有限，只有本地製造商製作的蛋糕和切片甜點可選。雖然 Customs Brew Bar 主攻濾煮式咖啡，但既然人在威靈頓，就應該嚐嚐威靈頓的小白咖啡！

周邊景點
紐西蘭蒂帕帕國立博物館
（Te Papa Tongarewa – Museum of New Zealand）

紐西蘭國立博物館和藝廊收藏許多珍貴文物，如大量的毛利文化文物，還有多個空間展示自歐洲人來到紐西蘭後的本地流行文化。www.tepapa.govt.nz

維多利亞山觀景台（Mt Victoria Lookout）
在這座 196 公尺高的觀景台上可以飽覽威靈頓市、港口、郊區和哈特谷（Hutt Valley）的全景風光。

Six Barrel Soda Co
不喝咖啡，來點不一樣的吧！爬上樓，躲到這個小天地，俯覽威靈頓市中心喧鬧的一角。這裡有柳橙和蒲公英、櫻桃和石榴等創新口味的各式氣泡蘇打水。www.sixbarrelsoda.co.nz

Unity Books
紐西蘭最好的書店，店內設有紐西蘭專區。unitybooks.nz

© Matteo Colombo / Getty Images

FLIGHT COFFEE HANGAR

119 Dixon Street, Wellington;
www.flightcoffee.co.nz; +64 4 830 0909

◆ 餐點　　◆ 購物
◆ 咖啡館　◆ 交通便利

熱鬧的 Flight Coffee Hangar 位在迪克森街（Dixon Street）西側，是個以木作和混凝土為主的空間。這裡是威靈頓周邊陡峭山丘的起點。由於創辦人之一 Nick Clark 曾是紐西蘭咖啡師冠軍得主，Flight Coffee Hangar 非常重視基本功（例如精準校對磨豆機，以符合黑咖啡、白咖啡、濾煮咖啡的不同需求）。從源頭就不馬虎，他們的「海倫娜計畫」（Helena Project）使某處位於哥倫比亞的咖啡莊園轉型生產精品咖啡，包辦從種植到加工等層層咖啡生產工作。

品嚐 Flight 咖啡最好的方式是點三杯組合，如一杯單品濃縮、一杯小白咖啡、一杯冰滴；也可以一次來三杯單品小白咖啡。Bomber 配方豆適合製作經典紐西蘭義式濃縮，口感醇厚帶酸味。來自衣索比亞西達摩（Sidamo）的單品豆，用 Fetco 煮過後帶有蜂蜜甜味和溫和花香。早午餐走的是國際路線，從楓糖培根煎蛋吐司或煙燻豆腐搭配南瓜鷹嘴豆泥，到整套愛爾蘭式早餐，裡面有培根、蛋、血腸、炸薯條和蘇打麵包。

周邊景點
凱薩琳‧曼斯菲爾德故居
（Katherine Mansfield House and Garden）

這棟迷人的兩層樓義式建築建於 1887 年，是紐國知名作家的童年故居，依然保持原有風貌。www.katherinemansfield.com

威靈頓纜車（Wellington Cable Car）

這是紐西蘭唯一的電纜車路線，由植物園附近開往蘭布頓大道（Lambton Quay）上的市中心，沿途景色秀麗。www.wellingtoncablecar.co.nz

威靈頓植物園（Wellington Botanic Garden）

占地 25 公頃的植物園有多個主題展區，如澳洲花園和歐洲人定居前就存在的原始林遺跡。wellington.govt.nz

蒙特街墓園（Mount St Cemetery）

順著維多利亞大學周邊的陡峭山坡上山，就來到威靈頓最古老的蒙特街墓園，可以一覽威靈頓市和港口美景。
www.mountstreetcemetery.org.nz

HAVANA COFFEE WORKS

163 Tory St, Wellington;
www.havana.co.nz; +64 4 384 7041

◆ 餐點　　◆ 烘豆　　◆ 課程
◆ 購物　　◆ 咖啡館　◆ 交通便利

這棟曾是泛世通輪胎公司（Firestone Tyres）總部，帶有裝飾藝術風格的醒目綠色建築，為威靈頓帶來一絲1950年代咖啡館的風華魅力。烘豆區是拉丁美洲庭院風格，咖啡廳則是木鑲板和吧台鏡面內裝，搭配著懷舊座椅和大理石桌面。Havana堅持「貨真價實的交易」，這裡每週烘焙的6噸生豆都是直接購自農民。最受歡迎的是Five Star配方豆，用這支深焙豆製作的濃縮咖啡味道濃郁，帶有烘烤味和巧克力餘韻。濾泡式使用Chemex手沖濾壺，每週還有一支客座主題豆，如來自萬那杜（Vanuatu）火山山坡地農場的Nuclear Free配方豆。

周邊景點
普卡胡國家戰爭紀念公園
（Pukeahu National War Memorial Park）

有裝飾藝術風格的鐘琴、戰爭紀念館（Hall of Memories）和無名戰士之墓（Tomb of the Unknown Warrior），紀念參與各戰役的三十萬名紐西蘭將士（包括三萬名殉職英烈）。www.mch.govt.nz

盆地保護區與紐西蘭板球博物館
（Basin Reserve and New Zealand Cricket Museum）

紐國歷史最悠久的板球場，場址是1855年因地震而從湖中隆起的新生地。博物館在對抗賽、頂級賽、單日賽或本地賽事舉辦期間才會開放。nzcricketmuseum.co.nz

INDEX

國家圖書館出版品預行編目（CIP）資料

世界咖啡之旅／孤獨星球（Lonely Planet）作者群作；
李天心、李姿瑩、吳湘湄、陳依辰譯. -- 初版. -- 臺中
市：晨星，2020.05
面；　公分. --（Guide book；620）
譯自：Lonely Planet's global coffee tour
ISBN 978-986-443-937-9（平裝）

1.咖啡 2.咖啡館

427.42　　　　　　　　　　　　　　　108017364

Guide Book 620

世界咖啡之旅：全球頂尖咖啡體驗鑑賞指南
【原文書名】：Lonely Planet's Global Coffee Tour

作者群	Kate Armstrong, Andrew Bain, James Bainbridge, Fleur Bainger, Robin Barton, Sara Benson, Oliver Berry, Abigail Blasi, Claire Boobbyer, John Brunton, Austin Bush, Kerry Christiani, Lucy Corne, Sally Davies, Peter Dragicevich, Carolyn Heller, Ashley Garver, Ethan Gelber, Bridget Gleeson, Valerie Greene, Carla Grossetti, Anthony Ham, Jacob Hanawalt, Paula Hardy, Matt Holden, Anita Isalska, Alex Kitain, Anna Kaminski, Patrick Kinsella, Sofia Levin, Stephen Lioy, Shawn Low, Rebecca Milner, Anja Mutic, Karyn Noble, Stephanie Ong, Brandon Presser, Kevin Raub, Brendan Sainsbury, Caroline Sieg, Helena Smith, Ashley Tomlinson, Jennifer Walker, Luke Waterson, Nicola Williams, Chris Zeiher
譯者	李天心、李姿瑩、吳湘湄、陳依辰
編輯	余順琪
校對	楊荏喻
封面設計	柳佳璋
美術編輯	林姿秀
創辦人	陳銘民
發行所	晨星出版有限公司 407台中市西屯區工業30路1號1樓 TEL：04-23595820　FAX：04-23550581 行政院新聞局局版台業字第2500號
法律顧問	陳思成律師
初版	西元2020年05月15日
總經銷	知己圖書股份有限公司 106台北市大安區辛亥路一段30號9樓 TEL：02-2367204／02-23672047　FAX：02-23635741 407台中市西屯區工業30路1號1樓 TEL：04-23595819　FAX：04-23595493 E-mail：service@morningstar.com.tw 網路書店 http://www.morningstar.com.tw
讀者專線	02-23672044／02-23672047
郵政劃撥	15060393（知己圖書股份有限公司）
印刷	上好印刷股份有限公司

線上讀者回函

定價 550 元
（如書籍有缺頁或破損，請寄回更換）
ISBN：978-986-443-937-9

Translated from the "LONELY PLANET'S GLOBAL COFFEE TOUR"
First published in May 2018 by Lonely Planet Global Limited

Thanks to James Ball, Erin Blok, Katie Coffee, Simon Hoskins, Flora Macqueen, Natalie
Nicholson